Business
Bullshit
für Ein- und Aufsteiger

Langenscheidt

München · Wien

**Langenscheidt
Business Bullshit
für Ein- und Aufsteiger**

Autor: GAX Axel Gundlach, Frankfurt am Main
Lektorat: Karen Dengler, Werkstatt München
Illustrationen: krebs illustration studios
Gestaltung und Umschlag: Arndt Knieper, München
Titelfoto: plainpicture/fStop

© 2015 Langenscheidt GmbH & Co. KG, München
Satz: Anja Dengler, Werkstatt München
Druck und Bindung: Druckerei C. H. Beck, Nördlingen
ISBN 978-3-468-73901-9
www.langenscheidt.de

15010

Geneigte Studenten des Business Bullshits, hochverehrte Leser,

Sprachwissenschaftler, Soziologen, ja sogar ernst zu nehmende Philosophen wie Harry G. Frankfurt haben sich mit dem Phänomen des Bullshitting beschäftigt. Und sind selbstverständlich zu den unterschiedlichsten Deutungen gekommen, nicht selten ebenfalls in verschwurbelter Sprache vorgetragen, die wiederum auch einige Kriterien des gepflegten Bullendungs erfüllt.

Was hat es aber nun mit dem modernen Wirtschaftskauderwelsch auf sich? Wo die einen der Meinung sind, es handele sich schlicht um den angeberischen Humbug und die intellektuelle Gaukelei von Aufschneidern, sind andere der Überzeugung, das Erzählen und Zuhören beim Bullshitting sei nichts als die Bestärkung sozialer Bindungen, ähnlich einer sich lausenden und kraulenden Affenhorde, nur eben halt mit der Aneinanderreihung extravaganter Narrative.

Wieder andere glauben, Fachjargon und Business Bullshit erfüllen die Aufgaben eines Codes: einer in verschiedene Niveaus abgestuften Geheimsprache, an der sich die Mitwisser einer internationalen Managerverschwörung erkennen. Mit der klaren Botschaft: Wer dazugehören will, muss gehörig mitschwurbeln können. Je wortgewandter, desto besser. Notfalls auch ohne zu wissen, worum es eigentlich geht!

Dem Business Bullshit wird aber zu Unrecht vorgeworfen, er diene zuallererst der Verschleierung der Wahrheit! Das ist eine Behauptung, die man so nicht aufrechterhalten kann, auch wenn ein guter Bullshit öfter mal auf dem schmalen Grat zwischen Dichtung und Wahrheit dahintänzelt. Vielmehr dient der Bullshit der Tarnung der eigenen Ahnungslosigkeit, ist also eher der Tatsache geschuldet, dass man selbst die Wahrheit gar nicht erkennen und klar benennen kann.

Und selbst wenn, eine der großen Inspirationen des Bullshitting ist nun mal seit Anbeginn der Demokratie die Sprache der Politik. Dieser wortgewordene Versuch, die Wahrheit zu maskieren und freundlich erscheinen zu lassen, weil der Politiker aus der Tiefe seiner Erfahrung zu wissen glaubt, dass das einfache Volk die Wahrheit sowieso nicht verträgt.

So ist das, was, oberflächlich betrachtet, Transparenz verhindern und Außenstehende verwirren soll, mindestens genauso oft der Versuch, die Wahrheit zu sagen; und zwar so, dass der Gesprächspartner von selbst draufkommt. Und das, obwohl man just eine Reihe von Worten benutzt hat, bei denen man sich selbst grad nicht mehr so sicher war, was sie bedeuten.

Doch auch in seiner zeitweisen Unsinnigkeit hat der Bullshit seine eigene, total verquere Schönheit, die uns mit einem Staunen zurücklässt. Genießen Sie das. Viel Vergnügen.

Don't bullshit my Humburg

Zero Return on Verbal Investment?

Bevor wir in die Tiefen des Bullshit-Vokabulars abtauchen, erst einmal ein paar Begriffe zum Bullshit selbst. Denn wer Bullshit redet, wird auch auf Bullshit angesprochen werden; und da ist es nützlich, sich ein paar Fachbegriffe draufzuschaffen. Auch ein paar technische Hinweise zur Nutzung dieser ausgefeilten Kommunikationsmethode sind hier angebracht.

Gutes Bullshitting ist ganz großes Tennis, und wie beim Sport wird sich auch hier der Ball übers Netz zugespielt. Es beginnt als Duett zweier Alpha-Shitter und wird erst im Verlauf des Meetings zum Duell, bei dem beide Kontrahenten sukzessive verbal nachrüsten.

Den Einstieg machen die bekannten Phrasen und Redewendungen, es geht dann über zu den in die Kombination mehrerer Hauptwörter mit eingestreuten Füllseln und endet in den typischen tapeworm sentences, *in deren engmaschigem Gewirr von Aussagen sich der Gegner verstricken soll. Dabei geht es nicht vordergründig um Wucht und Geschwindigkeit, sondern um Geschicklichkeit. Und auch die Kunst der kleinen Pause, dieses zweisekündige Innehalten, das scheinbare Zögern, bevor man den nächsten Bullshit raushaut, will gelernt und geübt sein. Dann bekommt man einiges an gutem Bullshit für seinen Einsatz zurück.*

Bullpost So was Ähnliches wie Stille Post, nur dass es bei der *bullpost* nicht mehrere Stationen und Missverständnisse braucht, um völliges Unverständnis zu produzieren.

Bullshit Mischsprache aus Humbug, Blödsinn und (Fach-)Jargon.

Bullshit-Bingo Ein vom Wissenschaftler Tom Davis noch unter dem Begriff Buzzword-Bingo (→ S. 8) erfundenes Gesellschaftsspiel zur Überbrückung von Denkpausen in Sitzungen.

NUTZERHINWEIS Hierzu werden vor einem Meeting die dusseligsten Worthülsen auf verschiedene Zettel geschrieben und von jedem Teilnehmer nach Nennung durchgestrichen. Wer alle Felder durchgestrichen hat, ruft „*Bullshit-Bingo*" und darf zur Belohnung die Sitzung verlassen. Beliebte Wörter sind etwa: Innovation, Nachhaltigkeit, Transparenz, Dialog, Netzwerk und viele andere Begriffe aus diesem Buch.

Bullshit-Generator 1) Ein Computerprogramm zur Erstellung möglichst inhaltsleerer Allgemeinplätze aus Schlagwörtern und Phrasen; 2) ein Mensch, der eine

solche Kommunikationspersiflage auch ohne Unterstützung eines Computers zuwege bringt; 3) der glück-
liche Käufer, der dieses Buch schnell auswendig lernt
und richtig anwendet.

Buzzword Schlagwort (französisch *slogan*).
MERKHINWEIS Ein *buzzword* allein ergibt noch kein
standesgemäßes Bullshitting. Das wiederum entsteht
erst durch die ästhetisch korrekte Aneinanderreihung
mehrerer *buzzwords* zu einer schwer zu greifenden
Aussage.

Buzzword-Compliance Die unausgesprochene, durch
zustimmendes Nicken verstärkte Einigung darüber, dass
die verwendeten Wörter schon irgendeine Übereinstim-
mung mit dem dahinter vermuteten Sinn haben werden.

Fuzzy Logic Im Gegensatz zur digitalen Logik, die nur
mit wahren oder unwahren Tatsachen umgehen kann,
arbeitet die *fuzzy logic* auch mit nebulösen Informationen, die sich noch nicht so richtig entscheiden können.
Insofern ist die *fuzzy logic* die ideale Logik hinter jeder
Art von Bullshitting.

Handouts Selbst gedruckte Unterlagen, die man *aus
der Hand* gibt. Nachdem man seine Informationen mithilfe von topmodernen elektronischen Medien lang und
breit präsentiert hat, bekommt nochmal jeder ein aus-

gedrucktes Exemplar der Powerpoint-Folien, damit auch wirklich der Letzte kapiert, was man vom papierlosen Büro hält.

WARNHINWEIS Das geschriebene Wort hat ein größeres Gewicht als das gesprochene, weswegen man bei *handouts* sehr vorsichtig mit dem Vokabular des Business Bullshit umgehen sollte.

Jargon, Fach- Quasi der geistige Großvater des modernen Bullshits.

Jargonaut Ein wahrer Meister des Bullshitting im Business-Jargon, oft mit einem erstaunlich großen Vokabular ausgestattet, das ebenso erstaunlich unverständlich ist.

Kumbaya Bullshit So ein Friede-Freude-Eierkuchen-Bullshit, den man absondert, wenn man einer drohenden Konfrontation durch Honig-ums-Maul-Schmieren entgehen möchte

Meanderthal Jemand, der sich so sehr in seinem eigenen Bullshit verstrickt, dass seine Erklärungsversuche in das Delta seines Sprachflusses mäandern.

Nails-on-a-Chalkboard-Jargon Wenn schon der Klang der Buzzwords (→ S. 8) eher an das Nagelkratzen auf einer Tafel erinnert.

1

Einstieg für Aufsteiger

Grundwortschatz

Zum Einstieg schauen wir uns erst einmal ein paar bunt durcheinandergewürfelte Begriffe aus dem Büroleben an, um ein Gefühl dafür zu entwickeln, dass auch schon in einzelnen, im Alltag oft unachtsam benutzten Worten ein gewisser Bullshit-Faktor steckt – bei dem einen sehr augenfällig, beim anderen vielleicht erst auf den zweiten Blick. In allen verbirgt sich aber das Grundpotenzial des guten Bull-shitting: scheinbare Eindeutigkeit, versteckte Bedeu-tung, Missverständlichkeit – oder einfach nur die Fähigkeit, sich irgendwie x-beliebig mit anderen Wor-ten kombinieren zu lassen. Und nicht vergessen: Aller Anfang ist Bullshit.

Absatzkommunikation Sich mithilfe von gezielten oder ungezielten Fußtritten verständlich machen, wie z. B. in einer Agentur für Absatzkommunikation.

Bring your own device Ein modernes Arbeitsplatz-modell, bei dem Ihr Arbeitgeber einen Teufel tut, Ihnen Computer oder andere sinnvolle technische Geräte zur Verfügung zu stellen.

Burn-out Zustand eines deprimierenden Ausgebrannt-seins, der sich einstellt, wenn eine Kerze immer wieder an beiden Enden angezündet wird; auf der einen Seite brennt man selbst für seinen Job, auf der anderen Seite kriegt man ordentlich Feuer.

Casual Friday Ein Tag mit gelockerter Kleiderordnung, erfunden von Managern, die einfach keine Lust mehr hatten, am Freitagnachmittag auf dem Weg zum Golfplatz noch Zeit mit dem Umziehen zu vergeuden.

Content Marketing Der neueste, letzte Schrei im Marketing (→ S. 48). Ist eigentlich auch nur Marketing, diesmal aber mit Inhalt! Behauptet das Wort *content*. Tatsächlich ist hier aber nicht unbedingt gewichtiger Inhalt nötig, sondern meist nur lustige Videoclips, Fotos oder kleine, nachrichtenfähige Storys, die zuhauf ins Internet gekippt werden, in der Hoffnung, dass die mit dem Inhalt gekoppelte Werbenachricht sich dort von alleine weiterverbreitet.

ANWENDERHINWEIS Wer sein Unternehmen so bekannter machen will, braucht vor allem erst mal einen *Content Manager,* also jemanden, der bei den ganzen verwirrenden plattformübergreifenden Veröffentlichungen den Überblick behält, sprich jemanden, der viel Zeit zum Surfen hat.

WARNHINWEIS Der Versuch, auf diese Weise internetforen- und youtubebegeisterte Zielgruppen vor den eigenen Karren zu spannen, kann auch schnell nach hinten losgehen!

Core Competence Die Kernkompetenz ist der Ort im Unternehmen, an den man sich gerne zurückzieht, wenn die Ausflüge in neue Märkte in einem Desaster geendet haben. NUTZERHINWEIS Vor allem nach den kreativen Ausflügen des gerade entlassenen CEO (→ S. 31) proklamiert sein Nachfolger gerne die Rückbesinnung auf die Kernkompetenz des Unternehmens.

Corporate Citizenship Das gesellschaftliche und soziale Engagement von Unternehmen, die sich gerne als Teil der Bürgerschaft rund um den eigenen Firmensitz darstellen.

Corporate Culture Eine so fest in der Geschichte des Unternehmens verankerte Kultur, dass es zwei neue Eigentümer, drei *Change Manager* und eine Ethikkommission braucht, um diese Kultur ohne Entlassungswelle aus dem Gedächtnis der Firma zu löschen.

Corporate Identity Oft als CI abgekürzt, was als Hinweis darauf gemeint sein könnte, dass auch die Unternehmensidentität etwas abgekürzt wird.

Corporate Wording In dem ganzen Sprachmischmasch muss ja irgendeiner die Wortwahl für eine einheitliche Unternehmenssprache festlegen, also quasi eine betriebsinterne DIN-Norm für den hausgemachten Bullshit entwickeln.

Crowdsourcing Wenn einem mal die Ideen, Inhalte oder Kontakte ausgehen, kann man sich einfach ins Netz mäandern und dort nach Freiwilligen suchen, die einen mit Ideen, Inhalten oder Kontakten versorgen.

Downsizing Positives D.) Produkte oder Programme kleiner machen, damit sie leichter zu handhaben, schneller zu transportieren und besser zu übersehen sind; negatives D.) Schrumpfung einer Firma auf eine im Markt oder bei den Investoren zulässige Funktionsgröße.

Dumping 1) Eine Ware oder Dienstleistung unter ihrem Beschaffungswert verkaufen, um den Kunden zu ködern und die Konkurrenz allmählich in die Pleite zu treiben; 2) Lohndumping wiederum heißt nichts anderes, als den Arbeitskostenanteil am Beschaffungswert so weit runterzudrücken, dass man wieder mit den Dumpingpreisen der asiatischen Konkurrenz mithalten kann.

Email-Courier Jemand, der, kurz nachdem er eine E-Mail geschickt hat, an deinem Arbeitsplatz erscheint, um sich zu vergewissern, dass seine wichtige Nachricht auch angekommen ist, und ob man nicht doch noch mal eine gesprochene Zusammenfassung des Inhalts benötigt.

Head Office Büro, in dem Köpfe zusammensitzen und sich wundern, warum die linke Hand nicht weiß, was die rechte grade tut.

High Potentials Jeder will sie, jeder braucht sie: von den Universitäten frisch gepresste Nachwuchskräfte mit großen Veranlagungen, tollen Lebensläufen und hohen Einstiegsgehältern; also junge, dynamische Mitarbeiter, mit denen man sich schmückt, bis man merkt, dass sie für den Job, den man selbst haben möchte, viel qualifizierter sind.

Human Resources Achtung, wenn Sie jemand als menschlichen Bodenschatz bezeichnet! Bodenschätze werden, wie man weiß, gerne ausgebeutet.

Human Resources Department Heimstatt der Personalgeologen, deren Aufgabe es ist herauszufinden, bei welchem Mitarbeiter Gold gefunden werden kann oder wer nur Blech redet.

Industrial Vacation Eine Geschäftsreise an einen wunderschönen Ort, der nur entfernt etwas mit dem Geschäft zu tun hat. Umso wichtiger, dass man ein paar Tage vorher anreist, um sich für die Arbeit einzurichten, und ein paar Tage länger bleibt, um wieder alles schön an seinen Platz zu stellen.

Unternehmerdepression für Mitarbeiter

Kick-off Aus dem Sport entlehnt für den Start einer Kampagne, einer Prozessimplementierung oder einer Abverkaufsphase; wie beim American Football wird der *kick-off* durch ein Spezialteam ausgeführt, das sich dann auf die Bank zurückzieht und zuschaut, wie die anderen arbeiten.

Kick-off-Event Veranstaltung, bei der – analog zum ersten Anstoß beim Super Bowl – irgendeinem Prominenten oder Vorstand, der von der Sache selbst überhaupt keine Ahnung hat, die Ehre zuteilwird, das neue Konzept oder Produkt zu launchen (→ S. 84).

Kick-off-Meeting Ersetzt den Kick-off-Event (→ oben), wenn der Vorstand an dem Tag keine Zeit hat oder das Budget für einen richtigen Promi nicht reicht.

Kundenorientierung In einer Umfrage wurden verschiedenen Managern Fragen zu ihrem Erfolgsgeheimnis gestellt, doch nur bei einer Frage waren sich alle einig: „Höre nicht auf das, was deine Kunden sagen!"

Leader So sehr man uns seit Jahren glauben macht, dass es vor allem auf das Team ankommt, am Ende wird doch immer der *leader* gesucht, der zeigt, wo's langgeht. FALSCHMELDUNG Böse Menschen haben keine Leader! Denn böse Menschen hören Heavy Metall – und zwar rückwärts!

Mergers & Aquisitions Unternehmensstrategie, sich durch Fusionen oder Zukäufe im Markt gewichtiger oder breiter aufzustellen, nur um dann hinterher festzustellen, dass jetzt auch die Probleme breiter aufgestellt sind.

Milestone Meilenstein; eine Markierung am Wegesrand, die dem genauen Beobachter verrät, ob er in der richtigen Richtung unterwegs ist und wie weit es noch bis zur nächsten Raststätte ist.

Mindset Was dem Psychologen die Gedankenwelt seiner Patienten, ist dem Manager der Wertekanon (→ S. 26) seines Unternehmens.

Office-Managerin In personenbezogenen Arbeitsverhältnissen durfte sich die Sekretärin noch um ihren Chef kümmern, jetzt muss sie das Büro organisieren, möglichst unabhängig von den Menschen, die darin herumlaufen.

Offshoring 1) Verlagerung von kostenintensiven Aufgaben und Dienstleistungen (wie Beratung, Betreuung, Softwareentwicklung) innerhalb eines weltweit operierenden Konzerns in ein Billiglohnland, um Kostenvorteile zu erzielen; 2) Verschiebung von zu versteuernden Gewinnen zu Konzerngesellschaften in Ländern mit günstigeren Steuergesetzen.

Organigramm Schaubild, auf dem die Mitarbeiter die wöchentlich wechselnden Benamsungen und Zugehörigkeiten überprüfen können, damit sie immer wissen, für wen sie zur Zeit arbeiten und an wem sie für die nächste Beförderung vorbei müssen.

Outsourcing Auslagerung bzw. Ausgründung von Betriebsfunktionen, z. B. Vergabe von Kantinendiensten oder Gerätewartung an externe Dienstleister. Im Wirtschaftslexikon steht, dass *outsourcing* eine Verkürzung der Wertschöpfungstiefe sei, in den meisten Fällen geht es aber darum, altgediente Mitarbeiter mit hohen Rentenansprüchen in eine neue Gesellschaft zu überführen.

Overhead Alle Betriebskosten, die nichts direkt mit Entwicklung, Produktion und Vertrieb zu tun haben, sondern mit der Verwaltung; also all die Ausgaben, die der Kunde nicht so gerne mitbezahlt.
HINWEIS Kann auch als Schimpfwort benutzt werden!

Portfolio (auch Portefeuille) 1) Angebotsspektrum, also das, was ein Unternehmen an Produkten und Dienstleistungen bieten kann; 2) Gesamtbestand an Wertpapieren eines Unternehmens oder Anlegers, Zusammensetzung einer Kapitalanlage.

Result Only Work Environment (ROWE) Stechuhrloses und ortsungebundenes Arbeiten, bei dem es nicht

Auf dem Empfang der IHK

Schön, dass wir uns endlich mal persönlich verlinken können. Hab schon viel von Ihnen gehört, seit Sie als High Potential bei Handsen die Treppe raufgefallen sind. Bei dem alten Bullshit-Meister darf man ja nicht aufs Maul gefallen sein.

Ja, es dauert ein bisserl, bis man sein Wording decodet hat, und wir haben dann schnell eine Buzzword-Compliance gefunden. Seine Company ist zwar gut gehyped, aber Front-End sieht anders aus. Kein Platz für eine Game-Changing Strategy außerhalb seines Event Horizon.

Wie sieht's denn mit Ihrem Career Check aus? Wollen Sie ewig bei so nem Smart Follower bleiben oder doch lieber mal die Challenge bei einer Signature Corporation suchen, die Cutting-edge Technology auf der Fahne hat?

Es wär schon dynamisch karriereeffektiv, wenn ich durch einen Jobhop mal meine Abilitys erweitern könnte und von Handsens Bricks-and-Clicks-Geschäft mal ins Big Bizz reinschnuppern könnte.

Bei uns sind Performance Feedback und Talentmanagement best-of-breed. Sie können interdisziplinär plattformübergreifend arbeiten und mit
unseren Inhouse-Coaches an Ihren Bullshit-Skills
arbeiten, bevor wir Sie dann zu unseren Advantage
Costumers schicken. Dann regnet's Boni. Wollen wir
da mal einen Termin fixen?

darum geht, wann, wie und in welchem Zustand ein
Mitarbeiter seine Aufgaben erfüllt, sondern dass er
seinen Teil der Arbeit wie zuvor abgesprochen bis zur
Deadline (→ S. 65) erfüllt und die Resultate übergibt.
Bewährt hat sich ROWE vor allem bei Nerds und Krea-
tiven, die gerne auch mal nächtelang arbeiten und oft
nur unter der Einwirkung von Naturheilverfahren (Ta-
bak, Alkohol etc.) wirklich gute Ergebnisse beibringen.
VORTEIL Der Arbeitgeber spart mit ROWE Kosten für
Büroraum und umgeht Gesundheitsbestimmungen am
Arbeitsplatz.
WARNHINWEIS Wer im ROWE-Status arbeitet, aber
trotzdem nicht das volle Vertrauen seines Chefs oder
Kunden genießt, muss mit dem berühmten Schulter-
blick rechnen.

Shareholder-Value Höchstes Ziel aller Anstrengungen
in einer Aktiengesellschaft ist es, den Value (→ S. 25)
der *shares,* also den Wert der Anteile für die Aktieneig-
ner, in die Höhe zu treiben, notfalls auch unter kurzfris-
tiger Bereinigung der Bilanz um unnötige Betriebs- und
Personalkosten.

Small Talk Gerade im kleinen Gespräch liegt oft die
große Herausforderung für den noch ungeübten Bullshitter, denn es ist gar nicht so leicht, in einem Gespräch
über das Wetter oder über Hollywoodschönheiten maß-

lose Übertreibungen und verwirrende Fremdwörter unterzubringen.

Smart Follower Ein Unternehmen, das gerne auf dem Pfad des Marktführers wandelt, ihn aber nicht einholen darf, weil es sonst seinen Status als schlauer Verfolger einbüßt. Und dann wieder mehr Geld in die eigene Forschung und Entwicklung stecken muss.

Smirting Mixwort aus *smoking* und *flirting*; wenn man den kleinen Ausflug vors Bürogebäude oder auf den Raucherbalkon gleichzeitig dazu nutzt, mit der neuen Kollegin anzubandeln.

Streamlining Eine Sache „stromlinienförmiger", schneller oder besser machen, Ecken abrunden, z. B. beliebige Maßnahmen zur Qualitätssteigerung, Kosteneinsparung, Reduzierung von Durchlaufzeiten, Optimierung von Prozessen in einem Betrieb durchführen.

Stresstest Was in der Automobilindustrie schon lange Tradition hat, wurde zuletzt auch in anderen Branchen, vor allem in der Finanzindustrie, übernommen: Man designt mal eine paar neue Produkte, fährt sie mit Karacho an die Wand und fragt dann die Crashtest-Dummys, wie es ihnen gefallen hat. Wenn die Dummys nicht mehr antworten können, wird für den nächsten Stresstest die Geschwindigkeit reduziert.

Sustainability Durch den Club of Rome geprägter Begriff, der Produktion und Verwertung in geschlossenen Kreisläufen aus erneuerbaren und wiederverwertbaren Materialien beschreibt und insbesondere darauf hinweist, dass die Entnahme aus anderen Systemen nur gegen gleichwertigen Ersatz zu erfolgen hat. In der Anwendung im Bizzsprech wird *sustainability* eher als Floskel gebraucht für „etwas, das dann bitte auch nachher so bleibt!", weil man sich „in ein paar Wochen nicht schon wieder mit demselben Problem beschäftigen will!"

Usability-Optimierung Eine Verbesserung der Gebrauchbarkeit ist auf jeden Fall und immer wünschenswert, egal, um was es sich handelt, auch weil es die Nützlichkeit des Angebots doch enorm erhöht, wenn man den frisch gekauften Tand auch bedienen kann.

User Durch die Digitalisierung der Welt haben der Kunde (Dienstleistung) und der Konsument (Waren) einen neuen Kumpel gekriegt: den *user*. Der ist mehr als Kunde und Konsument, denn seine Benutzung der digitalen Angebote geschieht online, und der Hersteller kann genau sehen, was der *user* so treibt. Und was er sonst noch so gebrauchen könnte.

Value, Values Wichtiges Schlagwort, mit dem fleißige BWL-Studenten und Unternehmensberater irgendetwas beschreiben, wenn ihnen das Wort „Wert" grad nicht einfällt.

HINWEIS Im Plural erfährt das Wort *value* eine symbolische Wandlung. *Values*, also Werte, weisen darauf hin, dass es neben dem materiellen Wert vielleicht noch mehr von Bedeutung geben könnte.

Value-Chain Wertschöpfungskette, d. h. die Wertsteigerung eines Produkts vom Rohstoff über die Herstellungs- und Verarbeitungsprozesse, Transport, Vertrieb bis zum Recycling.

Wertekanon Zusammenstellung von in Leitsätze gegossenen Überzeugungen lang verstorbener Firmengründer, die nach jeder neu beschlossenen Geschäftsstrategie für PR (→ S. 36) und CSR (→ S. 33) überarbeitet werden müssen.

Zombie-Projekt Ein Projekt, das, sooft man es beendet, immer wieder aufs Tapet kommt.

Abteilung: Übersetzerservice
(Bullshit-to-Hochdeutsch-Converter)

Quiz

Ergänzen Sie folgende Sätze aus Ihrem neu erworbenen Grundwortschatz!

Frau Segmüller, wieso liegt denn dieser Vorgang schon wieder auf meinem Tisch, das ist ja das reinste _____-_____ [1]!

Toelke, also bei Ihrer Vorlage blickt mal wieder keiner durch. Da müssen Sie mal unbedingt die _____ [2] verbessern!

Herr Grummbach, das ist wirklich eine ganz außergewöhnliche Form der _____ [3], bei der man seinen Klienten nicht zuhört!

Frau Glenzchen, rufen Sie doch mal bei unserem Eventleiter an, der soll unseren nächsten _____-___ [4] mal an einem schönen Ort organisieren, damit ich da noch ein bisschen _____ _____ [5] dranhängen kann!

Schröda, gehen Sie doch mal runter zum _____
_____ _____[6] und lassen Sie sich da
bestätigen, dass Sie hier zu was gut sind!

Und Sie, Herr Bildermann, wie oft habe ich Ihnen
schon gesagt, dass Sie nicht nach jeder E-Mail
persönlich vorbeikommen müssen. Sie sind ja der
reinste _____-_____[7]!

Lösungen:
1 Zombie-Projekt
2 Usability
3 Kundenorientierung
4 Kick-off
5 Industrial Vacation
6 Human Resources Department
7 Email-Courier

Das ABC des TBS*
Sprechen in Acronymen

Interessant ist ja, dass es beim gekonnten Bullshitting oft darum geht, Sätze durch endlose Aneinanderreihung von wahnsinnig wichtig klingenden Worten möglichst zu bandwurmartigen Gebilden zu verlängern, damit der Zuhörer am Ende des Satzes schon nicht mehr genau rekapitulieren kann, worum es in der Mitte grad noch ging. Da passen Abkürzungen ja eigentlich nicht ins Konzept. Oder etwa doch?

Der geübte Bullshitter nutzt Acronyme einerseits, um beim Drauflosfabulieren so etwas wie das Bemühen um Zusammenfassung und Rhythmus vorzutäuschen, andererseits erfüllen die Kürzel eine weitere Qualität des Business Bullshit aufs Beste: Sie kodifizieren die Scheininhalte und weisen den Bullshitter so als elitären Eingeweihten in eine Geheimsprache aus.

24/7 24 Stunden am Tag, sieben Tage lang, rund um die Uhr. Wird nur noch getoppt durch …

24/365 Wenn man das ganze Jahr auch noch ohne Urlaub und Feiertage durcharbeitet.

*Talking Bullshit

AIDA *Attention Interest Desire Action* Mehrstufige Werbekampagne, bei der erst Aufmerksamkeit, Interesse und Wunsch geweckt werden sollen, bevor der Kunde zur Tat schreitet und etwas kauft, das nie wieder seine Aufmerksamkeit erregt.

asap *as soon as possible* So schnell wie möglich; gerne auch mal als unzweideutige Aufforderung: „Aber schnell, Amigo, pronto!"

B2B *Business to Business* (→ H2H) und **B2C** *Business to Customer* (→ H2H)

CEO *Chief Executive Officer* Schöner Titel, der dem unbeteiligten Beobachter das Gefühl vermitteln soll, es gäbe in der Firma so etwas wie Gewaltenteilung. Meist ist der Chef der Exekutive aber auch Gesetzgeber und oberster Richter.

CFM *Chief Facility Manager* Ein wunderschöner, selbstwertgefühlssteigernder Titel, den der Chef der Hausmeisterbrigade da abbekommen hat. Fast so schön wie der *Chief Faksimile Manager*; das ist der, der für den Kopierer zuständig ist. Da freut man sich doch auf die neuen Visitenkarten.

CFO *Chief Finance Officer* Auf gut Deutsch: die ärmste Sau am Hof! Wenn die Aktionäre Dividende wollen, muss er den Gewinn runterrechnen. Wird neues Geld am Markt gebraucht, muss er den Gewinn wieder raufrechnen. Wenn die Steuererklärung gemacht wird, muss er den Gewinn wieder runterrechnen, und wenn es an die Verteilung der Boni geht, muss der Gewinn wieder hoch. Und das alles auf Basis derselben Zahlen! Und er muss dabei jede Menge Gesetze zugunsten seiner Firma auslegen. Ein Höllenjob!

CIO *Chief Information Officer* Auch der EDV-Leiter hat sich einen internationalen Titel bitter verdient, muss er sich doch tagein, tagaus mit einer ganzen Armee von Nerds herumschlagen, damit die endlich das programmieren, was eigentlich gebraucht wurde.

CLM *Career Limiting Move* Keine schöne Sache, handelt es sich dabei doch um die beste Methode, seine Karriere im Handstreich zu beenden.

CMO *Chief Marketing Officer* Der CMO ist Produktentwickler und -tester, Vertriebs- und Verkaufsleiter in einem. Macht also alles, was der Angelsachse unter den berühmten 4 Ps subsummiert: *product, price, promotion* und *place*.

COO *Chief Operation Officer* oder *Chief Operating Officer* Während sich der CEO (→ S. 31) den höheren Weihen der Zukunftsgestaltung widmen kann, darf sich der COO hauptsächlich mit den Niederungen des Alltagsgeschäfts rumschlagen; muss also arbeiten.

CRM *Customer Relation Management* Wo man früher einfach nur eine gute Beziehung zu seinen Kunden hatte, muss heute *gemanagt* werden. Was aber auch daran liegen könnte, dass diese verdammten Kunden immer anspruchsvoller werden.

CSR *Corporate Social Relationship* Wo man früher Standortvorteile und -probleme auf kurzem Dienstweg mit der örtlichen Politik ausbaldowert hat, muss im Informationszeitalter auch das zivile Umfeld irgendwie mit *gepampert* werden, damit die Wutbürger nicht plötzlich vor der Konzernzentrale stehen und irgendwas wissen wollen, was sie nix angeht.

F2F *Face to Face* Wenn man sich über eine Angelegenheit lieber von Angesicht zu Angesicht unterhält, also ohne Mitschriften oder Mitwisser zu hinterlassen.

FIFO *First In, First Out* Beliebte Marketing- (→ S. 48) und Vertriebsstrategie für nur kurzfristig bestehende Absatzmärkte. Besonders geeignet für Finanzprodukte wie zum Beispiel komplexe Derivate, die man am besten verkauft, solange die Käufer noch nicht verstanden haben, dass ihnen das Produkt früher oder später um die Ohren fliegt.

Fruppie *Frustrated urban professional*, das heißt „frustrierter berufstätiger Großstadtmensch", also jemand, der sechs Tage die Woche arbeitet und trotz Nebenjob feststellt, dass er sich das Leben in der Großstadt eigentlich gar nicht mehr leisten kann.

FUCT *Failed Under Continuous Testing* Wenn sich eine Problemlösung in der Erprobung als dauerhaft untauglich erweist, ist sie *fuct*. Und wenn sich herausstellen sollte, dass da jemand dran schuld ist, dann ist der *fucked*.

H2H *Human to Human* Nach 30 Jahren B2B (→ S. 31) und B2C (→ S. 31) hat man nun festgestellt, dass da doch immer nur Menschen auf beiden Seiten miteinander reden.

IT *Information Technology* Also alles, was an Netzkabeln und WLAN hängt und dem ganzen Unternehmen hilft, viele Dinge so schnell zu tun, dass kein Mensch mehr hinterherkommt.

JDI *Just Do It* Nicht lang rumquatschen, sondern einfach mal machen! Weil das aber ein Sportartikelhersteller als Slogan hat und es generell gegen die Idee der Arbeitsvermeidung durch Reden verstößt, kürzt der geneigte Bullshitter das lieber mal ab.

KISS Nein, hat nichts mit einer grell geschminkten Glamrocktruppe zu tun, sondern steht für das beliebte Vereinfachungsprinzip: *Keep It Simple and Stupid!*

M2M Hinter dem *Mouth to Mouth* verbirgt sich nichts anderes als die gute alte Mund-zu-Mund-Propaganda, die aber eigentlich Mund-zu-Ohr-Propaganda heißen müsste, weil man Mund zu Mund eigentlich nur beatmen kann.

NDA Ein *Non-Disclosure Agreement* ist ein Stillschweigeabkommen über alle Inhalte einer Präsentation und der sich daraus vielleicht ergebenden Geschäftsbeziehung. Das Interessante daran ist, dass dieser Vertrag oft sehr einseitig vom Auftraggeber vorgegeben wird. Wenn es um die Ideen von freien Kreativen geht, ist es mit der Geheimhaltung meist nicht weit her.

OPM Das Lieblingskapital der Risikoinvestoren ist nun mal das Geld anderer Leute, das *Other People's Money*!

OTT Spricht man Ohtiti aus, was jetzt nicht wirklich kürzer ist als *Over The Top*, aber bedeutet, dass man mit etwas über's Ziel hinausschießt.

PoP, PoS Am *Point of Purchase* oder aus Sicht des Verkäufers am *Point of Sale* trifft der Kunde auf die Ware, kann sie in die Hand nehmen, vielleicht testen und entscheiden, ob er sie wirklich will. Oder sagen wir mal, das war früher so. Heute liegt der *PoS* auch gerne mal irgendwo im Internet herum, und der Kunde kann sich hübsche Bilder von der Ware anschauen und lesen, was andere Kunden angeblich schon für tolle Erfahrungen mit dem Produkt gemacht haben.

PR *Public Relations* Die Beziehung zur Öffentlichkeit ist für viele Unternehmen wichtig; und alles, was wichtig ist, muss von Agenten gestaltet werden. Darum schreiben die PR-Leute auch fleißig positive Zeitungsartikel, die dann unter den Namen der Journalisten erscheinen, die sich auf Kosten der Firma in Monaco grad ein paar Schnittchen zwischen die Kiemen schieben.

RFP *Request For Proposal* Moderne Form der Ausbeutung, bei der Auftraggeber x-beliebige Lieferanten um durchkalkulierte Vorschläge für Problemlösungen bitten, allerdings nicht mit dem Ziel, sie zu beauftragen, sondern nur um Ideen und Vergleichsdaten für den Zentralen Einkauf und das Controlling frei Haus geliefert zu bekommen, mit denen sie dann ihre Stammlieferanten schön unter Druck setzen können.

ROI *Return On Investment* Rückfluss (Gewinn) nach einer getätigten Investition, der unabhängig von den geschaffenen Arbeitsplätzen und neu eroberten Märkten immer mindestens 3 % über dem Leitzins liegen sollte, damit der CEO (→ S. 31) nicht auf die Idee kommt, das Geld hätte man leichter an der Börse verdienen können.

SPOC Ein Nadelöhr in der Kontaktaufnahme, denn beim *Single Point Of Contact* dreht es sich um einen persönlichen Assistenten, an dem man vorbei muss, wenn man einen Termin haben will.

SSSD *Same Shit Same Day* Aus Gründen der Ästhetik verzichten wir auf eine Übersetzung.

TQM *Total Quality Management* Ein Unternehmens-führungskonzept, das darauf abzielt, in möglichst allen Unternehmensbereichen eine nachhaltige Qualität zu erreichen. Was einem ein bisschen Angst vor allen Firmen macht, die das nicht tun.

USP *Unique Selling Proposition* Es ist immer schön, wenn die Produkte oder Dienstleistungen der eigenen Firma ein Alleinstellungsmerkmal haben, weil es sich damit so schön werben lässt. Wenn man aber nichts hat, was die anderen nicht auch haben, dann muss so ein *USP* dringend erfunden werden, notfalls von der Werbe-abteilung.

2

Mit Charme im Darm

Sprechen mit Vorgesetzten

Beim Gespräch mit dem Vorgesetzten ist ja meist schon vorher klar, wer der bessere Bullshitter sein darf. Trotzdem gibt es eine paar Stichworte, die man so halbwegs verstehen und einzuordnen wissen sollte – und wer weiß, mit Erlaubnis Ihres Chefs vielleicht, dürfen Sie auch selbst ein paar Floskeln in den Gesprächsring werfen.

Added Value Wenn Sie sich bei Ihrem Chef beliebt machen wollen, dann darf Ihre Arbeit nicht einfach nur Nutzen bringen, nein, es muss auch immer noch ein Zusatznutzen drin sein. Das ist das kleine Etwas, die Extrameile mehr, die Sie erst zu einem zukünftig verdienten Mitarbeiter macht. Also, hören Sie beim Gespräch mit Ihrem Vorgesetzten genau hin, dann bekommen Sie sicher einen Hinweis, wo Ihr Chef einen solchen *added value* in Ihrem Fall sieht.

Ampel Kleine Markierungen im klassischen Rot-gelb-grün-Design, anhand derer man auf internen Dokumenten mit einem kurzen Blick erfassen können soll, ob eine Arbeit noch nicht gemacht, teilweise gemacht oder erledigt ist. Dank ihrer psychologischen Kraft werden die Ampeln auf Vorlagen, die ihren Weg in der Hierarchie nach oben nehmen, gerne vorzeitig umgestellt, damit man oben nicht den Eindruck hat, unten würde nix getan. Notfalls werden unfertige Arbeiten nochmals in kleinere erledigte Abschnitte und einen größeren, nicht beendeten Arbeitsschritt unterteilt, damit zumindest auf der Vorlage stets mehr grüne als rote Ampeln zu sehen sind.

Benefit Alles, was im Business geschieht, soll am Ende irgendjemandem einen Nutzen bringen, zuerst dem Kunden – sagt das Marketing (→ S. 48) –, dann den Mitarbeitern – sagt der Betriebsrat –, danach der Gesellschaft – sagt der CSR-Manager (→ S. 33) – und nicht zuletzt auch den eigenen Aktionären und ihren bonitauglichen Sachwaltern in der Führungsetage. Wie diese *benefits* verteilt werden, kann man jeden Morgen auf dem Firmenparkplatz betrachten.

Big Business Mit den großen Hunden pinkeln, das ganz große Rad drehen oder einfach nur das Geld für sich arbeiten lassen – was das ganz große Geschäft ist, hängt letztlich vom Empfinden des Einzelnen ab. Wo General Electric mit 1.000.000 Mitarbeitern weniger Gewinn erwirtschaftet als ein mittlerer Hedgefonds mit 500, kann sich Kioskbetreiber Herbert Kawuttke aus Castrop-Rauxel mit seinen 14 Lottoannahmestellen schon zu den Größten seiner Branche zählen.

Bonus Noch so ein Wort, das Ihrem Chef unglaublich gut gefällt, solange es um seinen Bonus geht. Es gefällt ihm u. U. so gut, dass er nachts vom eigenen Lächeln aufwacht und leise „Bonus, Bonus" vor sich hin flüstert.

Break-even-Point Rentabilitätsgrenze, Wirtschaftlichkeitsschwelle, ab der tatsächlich ein Gewinn erzielt wird, auch wenn der nicht immer so zustande gekommen ist, wie die Analysten es mal vorausgesagt hatten. WARNHINWEIS Das Erreichen der Schwarzen Null taugt als Ziel nur nach vorherigen Verlusten.

Cashcow Die Melkkuh unter den Produkten, Dienstleistungen oder Beteiligungen. Etwas, mit dem sich prima (Bar-)Geld verdienen lässt.

Challenge Zum Glück kennt das moderne Management keine Probleme mehr, sondern nur noch Herausforderungen. Also legen Sie das sorgenvolle Gesicht ab und sprechen Sie möglichst oft von *challenges*! Ihr Chef wird es Ihnen mit einem Lächeln danken.

Change Management Ein von oben herab geplanter Umbau, der bei vielen Mitarbeitern einen Zwang zum Umdenken mit sich bringt. ANWENDUNGSHINWEIS Gerade in großen Verwaltungen ist das *change management* vor allem dafür zuständig, dass sich Farbe und Textanordnung von Formularen regelmäßig ändern, da die meisten Fehler hier durch Routineblindheit entstehen.

Change Process Wandel und Veränderung, wo man nur hinschaut. Wer nicht zum Spielball der Marktkräfte verkommen will, muss sich genauso schnell verändern. Darum muss auch ein *change process* eingeleitet werden, der dank eigens dafür eingekaufter Change-Spezialisten tatsächlich etwas verändert. Zum Beispiel, wie viel die Mitarbeiter später vielleicht davon verstehen, was ihre Firma in fünf Jahren überhaupt noch herstellt.

Cost-Benefit-Analysis Die erste Kosten-Nutzen-Analyse wird in der Projektvorbereitung gemacht, wenn noch keiner genau abschätzen kann, wie viel es kosten und wie groß der Nutzen sein wird. Die zweite Kosten-Nutzen-Analyse wird gemacht, wenn der erste Verdacht aufkommt, dass es doch nicht so viel bringt. Und die dritte verschwindet irgendwo in den Unterlagen, damit niemand erfährt, wie teuer das Ganze war.

Cutting-edge, Cutting-edge Technology Hochmodern und brandaktuell, eben echt scharf, wird aber immer nur in Bezug auf Technik und Software benutzt. *Cutting-edge technology* ist Technik auf der Schnittkante zwischen dem Neuen und dem Visionären.

Event Horizon Der Ereignishorizont, neu in den Top Ten des Bullshitting: Wenn man wissenschaftlich vom sehr unfreundlichen Rand eines Schwarzen Lochs spricht, also dem Punkt, an dem die Anziehungskraft so groß ist, dass man sich nicht mehr daraus befreien kann, könnte man in Projekten mit viel Wohlwollen vom *point of no return* sprechen. Oder man meint den Horizont, der die noch überschaubaren Teile des Projekts begrenzt, während sich dahinter die nicht forecastablen (→ S. 83) verbergen. Viel öfter bezeichnet der ungeübte Bullshitter damit aber die Grenze zwischen dem, was er versteht, und dem, was die anderen einfach nicht kapieren wollen.

NUTZERHINWEIS Ereignishorizont ist so ein tolles Bullshit-Wort, weil niemand außer Physikprofessoren wirklich genau weiß, was damit gemeint ist.

Fachkräftemangel Wenn man das Gefühl hat, dass einem nicht genügend Aufmerksamkeit entgegengebracht wird, kann man im Gespräch mit dem Chef so einen netten kleinen Bullshit wie *systemisch bedingter Fachkräftemangel* oder *Arbeitsmarktparadoxie* (Arbeitslose kontra Fachkräftemangel) anbringen, aber nur, wenn man überzeugt ist, auch eine Fachkraft zu sein.

Gadget Technische Kleingeräte, mobile Kommunikationseinheiten oder farbwechselnde Laserpointer, mit deren Marke oder überflüssigem Zusatzfeature sich der moderne Manager als seiner Kaste zugehörig ausweist.

Gap Eine Lücke, die es zu schließen, oder ein Mangel, den es abzustellen gilt, wie z. B. Wettbewerbsnachteile, zu lange Entwicklungszeiten, Mangel an Glaubwürdigkeit etc.

Delegieren leicht gemacht:
Führen durch Abwesenheit

Go-to-Market Marketingkonzepte (→ S. 48) und
-programme, um Produkte und Dienstleistungen auf
den Markt zu bringen und zu etablieren.

Hard Skills Nach mathematisch-physikalischen Metho-
den beschreibbare Fähigkeiten; in Anwendung:
1) Falsch: Unser Chef ist ein großer Visionär! 2) Richtig:
Unser Chef ist 1,96 m!

Head Hunter Am Lohn beteiligter oder auf Provision
arbeitender Spürhund, vulgo Kopfgeldjäger, der die
Anforderungen einer Aufgabe und die Fähigkeiten von
Kandidaten miteinander vergleicht und dann diejenigen
empfiehlt, mit denen er den größten Profit macht.

Hyperlocal Info Wenn eine Information *hyperlocal*
ist, ist sie nur für die Augen und Ohren einer eng ein-
gegrenzten Gruppe bestimmt, also vertraulich.
ANWENDUNGSBEISPIEL „Haben Sie schon gehört,
Herr Müller fällt zum nächsten Ersten die Treppe rauf,
aber diese Info ist noch *hyperlocal*!"

Kaizen (aus dem Japanischen für *Kai* = Veränderung
und *Zen* = zum Besseren) Stichwort für einen kontinu-
ierlichen Verbesserungsprozess in einem Unternehmen
und das viel schönere Wort für TQM (→ S. 37). In Bay-
ern scherzhaft: *Kaizenwetter – Noch regnet's, kann
aber besser werden!*

Key Message Wörtlich: Schlüsselnachricht. 1) In der Werbung: der eine Satz, den sich die zukünftigen Konsumenten grad so merken können 2) In Ansprachen: der eine Satz, der dem Rest des verschlüsselten Vortrags eine Art von Sinn verleiht.

Learnings Weil einem der Chef ja nicht wie ein besserwisserischer Dorfschullehrer daherkommen kann, belehrt er seine Mitarbeiter nicht, sondern macht sie auf die verschiedenen *learnings* aufmerksam: also in etwa auf all das, was vorher mal ein Fehler war und in Zukunft zu vermeiden ist.

Level-Set-Methode Ein Paradebeispiel für einen Bullshit-Begriff. Eigentlich kommt der Begriff der Niveaumengenmethode aus der Mathematik und beschreibt ein „numerisches Verfahren, um geometrische Objekte und deren Bewegung approximativ zu verfolgen", aber für Marketingleute (→ S. 48) ist es eine Methode, Werbung und Technologie so zusammenzubringen, dass der Auftraggeber das Gefühl hat, dass das tatsächlich irgendwie funktioniert. Oder so ähnlich.

Leveraging Eine Hebelwirkung einsetzen, etwas Großes mit möglichst geringem Kraftaufwand bewerkstelligen. Vor allem in der Finanzindustrie beliebter Ansatz, um mit einem kleinen Einsatz einen hohen Gewinn zu erzielen, und das mittels eines Hebels aus eigens konstruierten Finanzprodukten (Derivate), der möglichst länger ist als der Arm der Aufsichtsbehörde.

Liability Verbindlichkeit, Verlässlichkeit. Also jene Eigenschaften, die man von Untergebenen, Dienstleistern und Lieferanten unbedingt erwartet, und die man dafür im Gegenzug in die eigenen Unternehmensleitsätze hineinschreibt, wo sie aber der Maxime der Profitorientierung untergeordnet sind.

Lifestyle Diejenigen Teile des eigenen Lebensstils, die sich problemlos ohne weitere Erklärung in einer Hochglanzbroschüre abbilden lassen.

Lifestyle-Produkte Alles, was man nicht braucht, aber unbedingt haben muss, damit alle anderen sehen, dass man sich Dinge leisten kann, die man nicht braucht.

Marketing Alle Maßnahmen (Kundengewinnung und -bindung, Werbung, Service etc.), um den Absatz von Produkten und Dienstleistungen zu fördern. Und wenn der Marketingchef sagt „Alle!", dann meint er auch alle!

Masterplan Hauptplan, übergeordneter Plan, z. B. für eine komplexe Projektabwicklung im Unternehmen; meist nur einer kleinen Anzahl von Meistern bekannt, die der Meinung sind, dass die Gehirne anderer damit überfordert wären.

Mehrwert Für den guten Büro-Bullshitter geht es dabei nicht um den besteuerbaren Gewinn aus dem Herstellungs- und Vertriebsprozess, sondern um etwas, das halb geheimnisvoll, halb Seligkeit verheißend über dem Gewinn schwebt: ein gewisser Mehrwert halt. Etwas entzückend Immaterielles, das sich vielleicht später doch noch irgendwie zu Geld machen lässt.

Me-too Wenn man keine eigene Idee hat, als die großartigen Ideen, Produkte oder Dienstleistungen anderer zu kopieren und so günstiger einzukaufen oder anzubieten.

Mission Critical Der eine kleine Fehler, der den Erfolg eines ganzen Projekts gefährden kann. ANWENDUNGSBEISPIEL „So, dann hätten wir den Plan soweit gefasst, oder fällt einem der Herren Bedenkenträger noch ein *mission critical* ein, das wir bisher übersehen haben?"

Mitarbeitergespräch Dass man mal hierarchieübergreifend miteinander redet, sollte eigentlich normal sein, z. B im Aufzug, in der Salatbuffetschlange oder am Weihnachtsbaum. Wenn Ihr Chef aber ein Mitarbeitergespräch ansetzt, heißt es, auf der Hut zu sein und sich im Vorfeld ein paar konstruktive Verbesserungsvorschläge und gut durchdachte Komplimente für den Vorgesetzten zurechtzulegen.

No-no Alles wozu man zweimal *Nein*! sagen sollte. Das erste Mal in dem Augenblick, wenn einem die dumme Idee kommt, und das zweite Mal im entscheidenden Moment, wenn der Chef fragt, wer denn diesen bescheuerten Einfall hatte.

Nontrepreneur Ein Chef, der von seinen Mitarbeitern verlangt, unternehmerisch zu denken und zu handeln, dann aber selbst immer das Risiko scheut.

Opinion Leader Meist herausragende Personen, die aufgrund von fachlicher Qualifikation oder gesellschaftlicher Stellung einen Herdentrieb auslösen. Wenn eine solch bedeutende Persönlichkeit nicht anwesend ist, übernimmt Ihr Chef diese Rolle.

Out Of The Box (OOTB) 1) Ein Gerät, das man entgegen dem AEG-Prinzip *„Auspacken, einschalten, geht nicht!"* direkt benutzen kann. 2) Eine Lösung aus der großen Standardrepertoirekiste für Lösungen. VERSTÄNDNISHINWEIS Wenn ein Manager sagt, man müsse das Problem *out of the box* lösen, heißt das nicht unbedingt, dass er der Kompetenz seines Teams vollends vertraut, sondern dass für die Erfüllung der Aufgabe keinerlei zusätzliche Mittel zur Verfügung stehen, um entweder teure Experten hinzuzuziehen oder eine zeitintensive Erforschung des Problems *inhouse* zu veranstalten.

HANDLUNGSHINWEIS Man suche nach einem bewährten Standardverfahren und passe dann das Problem der Lösung an!

Overtime-Mail Kleine Nachricht ohne Inhalt, die man seinem Chef nach Dienstschluss schickt, um ihn mal darauf aufmerksam zu machen, dass man immer noch im Büro ist und fleißig arbeitet.

Pep Talk Zuspruch für den Chef, aufmunternde Worte für Mitarbeiter. Nun könnte man ja meinen, dass *pep talk* irgendwas mit dem Trainer Guardiola zu tun hat, aber gerade die Spieler vom Serienmeister haben *pep talk* meist nicht nötig.

Pipeline Alles, was in der Pipeline ist, wird grad irgendwie bearbeitet. Ist also unterwegs, und man kann am anderen Ende gespannt warten, was da zum Vorschein kommt. Denn das ist das Gute an der *pipeline:* Was da drin steckt, kann grad nicht begutachtet werden.

Power Nap Neudeutsch für den klassischen Büroschlaf in möglichst kraftvoller Schlafhaltung.
PROTESTNOTE Obwohl die Wissenschaft schon längst nachgewiesen hat, dass sich solche kleinen Nickerchen positiv auf die Denkqualität auswirken, gilt der Schlaf auf der Computertastatur immer noch als Zeichen von akuter Faulheit.

Dialog

Guten Morgen, Herr Krummbach, ich hab hier den Overview über die Project Facts, den Sie wollten.

Respekt, Müller, da müssen Sie ja das ganze Wochenende dran gesessen haben, aber quick and dirty hätte doch für den ersten Stresstest gelangt.

Ach was, nicht der Rede wert, Chef. War ne gute Challenge, die ganze Value-Chain nochmal zu streamlinen. Und dank Ihrer tollen Ideen von Freitagnachmittag hab ich die Usability optimiert …

Freut mich, Müller, dass Sie unseren Mindset so verinnerlicht und die Learnings rekapituliert haben. Aber jetzt müssen wir unbedingt noch die Overhead-Costings minimizen und den Benefit für die Shareholder chargen.

Ja, was das angeht, hab ich mir mal erlaubt, da noch ein paar Synergie-Effects zu implementieren und die Mission Criticals mit Fallback-Positions zu parachuten.

At the end of the day war das eine gute Idee von mir, Müller, so macht man Big Business. Halten Sie sich weiter an mich, dann können wir auch Ihren Bonus mal pimpen. Aber jetzt müssen wir das alles foxy vercharten, damit wir den Deal clinchen können. Schaffen Sie das bis elf?

Quantensprung Physikalisch die vielleicht kleinstmögliche Veränderung, die überhaupt möglich ist, vom erfahrenen Bullshitter fast wie selbstverständlich als das genaue Gegenteil eingesetzt. Am Ende trifft der Begriff aber doch meist in seinem ursprünglichen Sinn zu, da das, was da als großer Fortschritt angepriesen wurde, eher doch nur ein Stolperchen Richtung Zukunft war.

Quick & dirty Schnelle, aber unausgereifte Lösung der Marke „Eins ist besser als keins"; z. B. Software, die zwar fehleranfällig ist und wenig Bedienkomfort bietet, aber den großen Vorteil hat, dass sie im Prinzip funktioniert und den User (→ S. 25) schon mal an die Oberfläche gewöhnt.

Quick Fix Politics Wenn man etwas besser aussehen lässt, aber das Problem als solches nicht mal im Ansatz angepackt hat.

Roadmap Englisch für Straßenkarte, Fahrplan. Eine Vorgehensweise zur Planung und Umsetzung von Business-Strategien, bei der man erst ein Ziel bestimmt und dann mal schaut, welche Wege nach Rom führen.

Roadshow 1) Liebevoll inszenierte Reise des Produkts durchs Land der Konsumenten; 2) noch liebevoller inszenierte Reise eines Direktors oder Vorstands durch sein Vertriebsgebiet.

Roll-out Wenn das neue Flugzeug fertig ist, kann man es aus dem Hangar rollen und seiner Bestimmung übergeben. Und darum geht's beim *roll-out*: fertig durchdachte Produkte und Lösungen in der Breite zur Anwendung zu bringen.

Sabbatical „Ein Jahr arbeitslos" oder „Ich hatte keine Ahnung, was ich tun könnte" klingt einfach nicht so gut in der Vita, darum nimmt man sich lieber ein Sabbatjahr. Sieht besser aus und vermittelt unterschwellig, dass man sich das leisten kann.

Selfness Kunstwort aus *self* (selbst) und *wellness* (ebenfalls schon ein Kunstwort). Es bedeutet, sich selbst mit Stärken und Schwächen zu (er)kennen, sich weiterzuentwickeln, aus Krisen zu lernen und selbstbestimmt, bewusst und aktiv am anderen vorbeizuleben.

Teflon Shoulders Eine gute Eigenschaft, wenn man nicht alles auf die Schultern geladen bekommen möchte, denn an Teflon haftet ja bekanntlich nichts – abgesehen von der Rückseite der Pfanne.

Zero-Zero Split Wenn man für zwei Chefs gleichzeitig auf zwei Projekte angesetzt ist, diese Situation aber schlau ausnutzt, um dem einen immer zu sagen, dass man grad für den anderen arbeitet.

Achtung, English

Das Problem mit der englischen Sprache ist für uns Germanen, die ja nie ein Weltreich hatten, die Tatsache, dass einige Wörter in den ehemaligen Kolonien oder aktuellen Teilen des Vereinigten Königreiches zwar gleich klingen, aber je nach Standort eine andere Bedeutung haben. Man kann das gut am Wort Pullover illustrieren: In Kanada und USA bedeutet Pullover das Manöver, wenn man von einem festlich beleuchteten Polizeiwagen zum Stoppen gezwungen wird, in Neuseeland und Australien ist ein Pullover eine Art Apfelstrudel, in Liverpool und Irland bedeutet Pullover angeblich Kondom, in Indien eine feindliche Übernahme zwischen zwei rivalisierenden Unternehmen und in Südafrika bedeutet es „über den Tisch gezogen werden". Einzig und allein in Deutschland bezeichnet Pullover ein Kleidungsstück, und das wäre mit Überzieher auch noch völlig falsch übersetzt.

Ähnlich ist es bei Wörtern, die sich verschiedene Branchen als Fachbegriffe einverleibt haben, wie z. B. das Wort Scanner, das bei der Supermarktkassiererin, beim Grafiker, beim Sicherheitspersonal am Flughafen oder beim örtlichen Laserbeauftragten völlig unterschiedliche Assoziationen hervorruft.

Nichtsdestotrotz halten nicht nur immer mehr verwirrende Fremdwörter in unsere Sprache Einzug, sondern vor allem beim gepflegten Business Bullshit bekommen wir es öfter mit lässig dahingefloskelten oder gar lustig übersetzten Sprichwörtern zu tun.

Hier also ein paar Redewendungen, mit denen Sie ihr Bullshitting gut pimpen *können*.

An elephant in the room Wenn man nach stundenlangem Meeting das eigentliche Problem nicht mehr sieht, obwohl es wie *ein Elefant im Zimmer* steht.

Asking a duck to bark Enten bellen lassen! Eine fabelhafte Metapher dafür, etwas Unmögliches zu verlangen, meist von einem Untergebenen, den man eh auf der Abschussliste hat.

Boil the frog Jemandem eine notwendige Veränderung nicht abrupt, sondern in fast unmerklicher Steigerung beibringen, nämlich so, wie man einen Frosch kocht. VERSTÄNDNISHINWEIS Im Gegensatz zum deutschen „ins kalte Wasser werfen" wird hier der Frosch mit Absicht in das kalte Element gesetzt und dann langsam die Temperatur erhöht. Aus heißem Wasser hüpft der Frosch nämlich sofort wieder raus, wenn man ihn aber langsam kocht, bleibt das dumme Tier einfach im Topf sitzen. So wie der Mitarbeiter, wenn man ihn sich langsam an die Veränderung gewöhnen lässt.

Driving beyond the headlights Wo der Deutsche ein klein wenig über das Ziel hinausschießt, *fährt* der Ami *vor seinen eigenen Scheinwerfern her.* Der Vorteil ist, dass er da gut beleuchtet ist, der Nachteil, dass man unter Umständen vom eigenen Fahrzeug überrollt wird – oder wie wir Germanen vielleicht sagen würden: unter die eigenen Räder gerät!

Get your ducks in a row Eine deutliche Aufforderung, seine *Enten* bzw. seine Angelegenheiten *auf die Reihe zu kriegen.*

Hang the bell on that cat, bell the cat Wer der Katze eine Glocke umhängen will, sieht eine Gefahr lauern und will seine Kollegen davor warnen. Oder er tut nur so, als ob da eine Gefahr lauert, damit ein Kollege dann mit dem vermeintlichen Kassandra-Ruf bei nächster Gelegenheit voll aufläuft.

Hitting our numbers Wenn man seine vorgegebenen Zahlen erreicht. Hört sich erst mal positiv an, solange man nicht den zweiten Teil des Sprichworts hinten anhängt: *Hitting our numbers but missing the mark.* Dann nämlich hat man zwar genug Geld reingeholt, aber das eigentliche strategische Ziel verfehlt.

Lipstick on a pig Wenn ein Projekt fast schon gescheitert ist, malt man schnell noch ein bisschen *Lippenstift auf das Schwein*, damit es für die nächste Ebene etwas netter aussieht.

Lose the bubble Wenn man in den ganzen Bullshit-Blasen irgendwann den Faden verliert, dann entschuldigt man sich mit einem lässigen *„Sorry, lost the bubble!"*

Nail jelly to the wall *Den Pudding an die Wand zu nageln* ist nahezu unmöglich, es sei denn, man friert ihn vorher ein und kann wirklich zärtlich mit einem Hämmerchen umgehen.
NUTZERHINWEIS Wie so oft kann ein kleines Wort den Sinn etwas verschieben, denn *nail jelly to the hothouse wall* steht dann im eher positiven Sinne für: das Unmögliche versuchen!

Passing the monkey *Den Affen weitergeben*! Ein Problem loswerden, am besten an eine andere, weit entfernte Abteilung. Oder, wenn das nicht geht, an einen Untergebenen, auf den man notfalls verzichten kann.

Peel the onion Wer *die Zwiebel schälen* will, möchte Schicht für Schicht abtragen, um den Kern eines Problems freizulegen!

Pissing in the ocean Eine Arbeit, deren Effekt nicht zu spüren oder zu messen ist, denn wer *ins Meer Wasser lassen* soll, macht etwas völlig Wirkungsloses!

Putting socks on an octopus Auch hier wird wieder jemand dazu verdammt, etwas fast Unmögliches zu versuchen, und zwar dem Kraken Socken über die widerspenstigen Tentakel zu ziehen.

Stabbing the seal with a banana Wer *die Robbe mit einer Banane ersticht*, rückt grade einem Problem mit dem völlig falschen Mittel zu Leibe. Gerne auch als Synonym für ein vergebliches Unterfangen benutzt.

That dog won't hunt Das Projekt kriegt keiner mehr zum Laufen; der Plan schlägt fehl, und der dumme Hund wird auch keine Fährte mehr aufnehmen.

Think the unthinkable Ein wunderbare Forderung, die wie kaum eine andere dreiwörtige Redewendung die Seele des Bullshit in aller Kürze erfasst. Es ist einfach ein Tipptopp-Humbug, wenn das dritte Wort schon dem ersten widerspricht.

Wallpaper a meeting Wer den *Meetingraum* schon mal *vortapeziert*, sorgt für die Anwesenheit von genügend Teilnehmern, die derselben Meinung sind.

Wallpapering the fog Wer wiederum versucht, seine *Tapete* an den *Nebel* anzukleistern, beschäftigt sich mit einer völlig sinnlosen Aufgabe, wahrscheinlich ein Projekt, das der Vorstand schon längst gekippt hat. Es hat sich nur noch nicht bis zum fleißigen Tapezierer rumgesprochen.

3
Intim im Team

Sprechen mit
Untergebenen

Einerseits sollte man ja auch seinen Mitarbeitern gegenüber Klartext sprechen, sagen diese Führungstrainer. Andererseits könnten diese Großraumbüroemporkömmlinge einen für inkompetent halten, wenn man sie nicht ab und zu mal mit einem locker dahinformulierten Büro-Bullshit beeindruckt und so eine angemessene Distanz zwischen sich und dem Fußvolk schafft. Hier kommen die wichtigsten Bullshit-Begriffe für den Chef von Welt.

Asapissimo *(sooner as possible)* Seinen Untergebenen mal unmissverständlich klar machen, dass man schon länger auf das Ergebnis wartet und es jetzt *am allerbaldigsten* haben will.

Benchmarking Zielerfassungsmethode: Sich an den Besten im jeweiligen Geschäftsbereich messen, um selbst Bester zu werden. Meist eher als x-beliebige Forderung oder Behauptung in den Raum gestellt, weil es ja von mangelndem Ehrgeiz zeugt, wenn man sich mit den Schlechtesten vergleicht.

Blame Storming Kleine lustige Gruppendiskussion auf der Suche nach einem Schuldigen.

Brainie Der kluge Kopf in der Abteilung, oder wie die dümmeren Köpfe sagen: der Schlaumeier, Streber, Besserwisser.

Brainstorming Meetingmethode, bei der alle Mitarbeiter sich an einem freien Assoziationsspiel zum anstehenden Problem beteiligen, bis dem Chef eine Idee gefällt, von der er nachher glaubhaft behaupten kann, dass es seine war.

Buddy Business Geschäfte mit guten Kumpels machen, klüngeln. Jemandem einen sicheren Gewinn vermitteln, um später darauf zurückzukommen, wenn demjenigen dann ein noch größerer Gewinn ins Haus steht.

Career Check Die Karriereprüfung ist nichts anderes als die Bewertung Ihres Lebenslaufs, wie immer mit unterschiedlichen Ergebnissen, je nachdem, ob Sie selbst oder ein anderer den *career check* durchführen.

Cascading down the information Wenn das eigene Hirn vollgelaufen ist, lässt man die überflüssige Information am besten überlaufen.
ANWENDERHINWEIS Dass Ihr Wissen gerade ungezielt überschwappt, erkennen Sie gut am fragenden Gesichtsausdruck Ihres Gegenübers, der Ihnen sagen will: „Ja, was soll ich denn mit dieser Info anfangen?"

Chartist Einer der großen Vorteile Chef zu sein ist, dass man seine Präsentationen nicht mehr selbst machen muss; dafür hat man seinen *chartisten*, der bis zum nächsten Meeting auf bunten *charts* mit vielen

Tortendiagrammen visualisieren darf, was man sich da vorher so zusammengedacht hat.

Close the loop Einen Vorgang abschließen, statt sich ständig weiter im Kreise von Hoffnungen und Bedenken zu drehen.

Commitment Verbindlichkeit, oft gemeint als innere Verpflichtung, die der Mitarbeiter für das zu spüren hat, was seinem Chef wichtig ist.

Core Engagement Der oft verlangte, aber nicht immer gern gesehene Versuch eines Mitarbeiters, seine Aufgaben nicht nur zu erfüllen, sondern auch verstehen zu wollen, was er da gerade tut!

Costings Wenn der Chef wissen will, was das Projekt kostet, nutzt er heutzutage lieber das englische Gerundium, weil ihm schon klar ist, dass die Kosten immer in Bewegung sind.
ANWENDERHINWEIS „Ja, Schröder, das hört sich ja ganz *nice* an, aber wir sollten erst mal die *costings* des Projekts erheben!"

Daily Business Tagesgeschäft, also das, was den Laden am Leben erhält, während die Visionäre im Vorstand darüber nachdenken, wie die Firma ihren Golfurlaub in fünf Jahren finanzieren will.

Dead Capital Geld, das irgendwo halb tot rumliegt und nicht arbeitet; sollte also halb totes Kapital heißen. Denn wenn es wirklich tot wäre, also *dead and gone capital,* dann lässt es sich auch nicht mehr wiederbeleben.

Deadline Eine der wichtigsten Aufgaben des Chefs ist es, Stichtage und Abgabetermine für seine Mitarbeiter festzulegen. Ein netter Chef wählt dafür Donnerstage aus. Wenn er Sie nicht leiden kann, ist die *deadline* immer Montag vormittags.

Dos and Don'ts Eine kleine Liste mit Hinweisen, was man zu tun oder zu lassen hat. Besonders geeignet für Menschen, die die komplexen Zusammenhänge der anstehenden Aufgabe nicht verstehen oder keinen eigenen moralischen Kompass haben.
HISTORISCHER HINWEIS Die älteste bekannte Liste von *dos and don'ts* sind die Zehn Gebote, die kürzeste der kategorische Imperativ. Beide im Wirtschaftsleben nur bedingt gültig.

Employer Branding Wenn ein Arbeitgeber all die schönen kleinen Schwindel des Marketings (→ S. 48) auch auf sich selbst anwendet, um am Arbeitsmarkt als interessanter Arbeitergeber dazustehen.

Entrepreneurship Toll klingendes Mischwort, das vorne französisch und hinten englisch ausgesprochen wer-

Systemimmanent:
Das hierarchische Urheberrecht

den muss, um bei den Angestellten so etwas wie unternehmerisches Denken und Handeln einzufordern, aber ohne dass sie auch tatsächlich was bestimmen dürften.

Flexibilität Wenn Ihr Chef das Wort Flexibilität in Ihre Richtung spricht, gibt er Ihnen die Erlaubnis, Ihre Arbeitszeit eigenmächtig, aber unbezahlt zu verlängern. KARRIEREHINWEIS Lunch ist was für Loser! Sagt der tapfere Aufsteiger. Und Freizeit am Wochenende wahrscheinlich nur was für Fahnenflüchtige. Es sei denn, man kann mit dem Chef mal über den Golfplatz huschen, ein paar Bullshit-Lektionen abgreifen und ihn an den letzten drei Löchern knapp gewinnen lassen.

Floating Rekrutieren ist teuer, neue Leute anlernen noch teurer. Da überlegt man sich zweimal, ob man jemanden feuert, weil sein Job nicht mehr existent ist, oder ihn im Unternehmen *floaten* lässt, bis man wieder einen geeigneten Job gefunden hat.

Full-tilt Boogie Wer den *full-tilt boogie* tanzt, benimmt sich wie der Elefant im Projektladen. BEISPIEL „Mich fragt ja keiner; schon deswegen, weil die ja nicht hören wollen, dass dieses Zombie-Projekt (→ S. 26) von Anfang an eine Totgeburt war. Da stimmt nix! Weder die Idee, noch der Ansatz und schon gar nicht die Leute, die sie drauf angesetzt haben!“

Goal Hier ist kein (Fußball-)Tor gemeint, sondern das „Ziel" eines Projekts, das es den Mitarbeitern ständig auf die Nase zu binden gilt, damit sie nicht vergessen, warum sie morgens ins Büro kommen sollen.

Incentives 1) Intern: Leistungsanreize, Motivationsveranstaltungen und als Belohnung gemeinte Zuwendungen an Mitarbeiter eines Unternehmens für das Erreichen eines vorher ausgegebenen Ziels, oftmals am Ende eines internen Wettbewerbs; 2) extern: vertriebsfördernde Ausflüge in Schlösser, Häfen und ungarische Badeanstalten, um den Vertriebspartnern anschaulich zu vermitteln, was sie zu erwarten haben, wenn das Geschäft erst blüht.

Keep me posted Zarte Erinnerung des Chefs, ihn auf dem Laufenden zu halten, aber bitte per E-Mail, denn er will mit dem Laufenden nicht zwischen Tür und Angel zugetextet werden.

Luftunterstützung Wenn Sie Ihren Untergebenen beim laufenden Projekt die volle Unterstützung des gesamten Bereichs oder sogar des Vorstands anbieten können. ACHTUNG Nicht zu verwechseln mit *Heißeluftunterstützung*!

Make it pop Eine Sache zu Ende bringen: Man hat alles zusammen, die Pfanne, das Öl und den Mais. Jetzt muss man der Sache nur noch Feuer unterm A. machen, damit das Popcorn und der Plan aufgehen.

Markenbotschafter Jemand, der so dermaßen gut geschmiert oder ehrlich überzeugt von einer Marke ist, dass er es überall ungefragt herumposaunt. Von einem guten Chef wird erwartet, dass er aus seinen Mitarbeitern überzeugte Markenbotschafter macht, ohne dass man sie nochmal zusätzlich schmieren muss.

Memo Wenn man seine Untergebenen mit einem Einzeiler daran erinnert, was man gerne noch bis Feierabend erledigt haben möchte – oder notfalls danach.

Motivation Wird häufig mit Motivierung verwechselt. Der Unterschied: Motivation hat man selbst, und Motivierung durch andere funktioniert nicht! Am besten läuft man weit und schnell weg, wenn einer mit der sprichwörtlichen Mohrrübe um die Ecke kommt.

Muppet Shuffle Die gut durchgemischte Versetzung der Underperformer (→ S. 74) unter den eigenen Mitarbeitern in Abteilungen, in denen diese Klappmaulpuppen möglichst wenig Schaden anrichten können.

Performance Feedback Natürlich muss man seinen Mitarbeitern ab und zu mal sagen, was man so von ihrer Arbeit hält. Also gibt man ihnen *performance*

Teamgespräch

Guten Morgen, Leute!

Moin, Chef!

Nee, nicht Chef, unser neuestes Change Program
sieht ja Lean Management vor, also bin ich jetzt euer
Teamleiter.

Ah, einer von uns?

Ja, nicht ganz, eher wie ein Coach, der euch hilft,
eure Soft Skills im Sinne des Team Efforts richtig
einzubringen und Eure Performance Delivery eng
trackt, damit wir unsere Goals vor der Deadline
erreichen, was natürlich nur möglich ist, wenn alle
hier mehr Entrepreneurship und Flexibility im Daily
Business an den Tag legen.

Öh, Chef, ich hätte da …

Nicht jetzt, ich muss erst mal die Informations zu
euch downloaden, damit Ihr die Dos and Don'ts
zoomen könnt; denn das wird ein Benchmarking
Project, das Core Engagement und echtes Commitment verlangt …

Kommt das von oben?

Von ganz oben, und der R&D-Vorstand und ich sind
agreed damit, dass wir hier volle Luftunterstützung

bekommen, um das Projekt zu strategizen und zeitnah aufzugleisen, aber dafür braucht das Board erst
mal einen Forecast über das Time-to-Market und eine
Cost-Benefit-Analyse. Also packen wir's an, aber asapissimo …

Klar, Chef, machen wir. Aber worum geht's denn?
Tja, das ist noch eine Hyperlocal Info, denn das Ganze
muss noch im Vorstand gegreenlighted werden. Aber
jetzt wisst ihr schon mal Bescheid!

feedback. Wie so etwas geht, lernt man am besten in der Feedbackrunde mit unzufriedenen Kunden.

Rookie Jemand, der nicht Trainee (→ S. 73) genannt werden möchte, weil er schon einen festen Arbeitsplatz hat, aber immer noch bezahlt wird wie ein Praktikant.

Soft Skills 1) Soziale Kompetenzen eines Mitarbeiters wie Teamfähigkeit, Kritikfähigkeit, Vorbildfunktion und Motivierungsvermögen sowie persönliche Fähigkeiten wie Mehrsprachigkeit in Wort, Schrift und Business Bullshit; 2) die weiblichen Vorzüge der Chefsekretärin.

Stellschraube, an der Stellschraube drehen Merkwürdig! Immer wenn einer sagt, man müsse an der Stellschraube drehen, verwechselt er die Feinjustierung mit einer Daumenschraube.

Summary, mal ein Summary schreiben Weil sich nach einer Stunde Durcheinandergerede kaum noch jemand daran erinnern kann, was eigentlich gesagt wurde, bestimmt Ihr Chef jemanden, der eine Zusammenfassung schreibt. Die wiederum wird dann vom Chef so korrigiert, dass sich auch alle an seine Meinung erinnern.

Talentmanagement Als guter Chef ist man auch dafür zuständig, dass der Mitarbeiter seine Karriereleiter an die richtige Wand lehnt. Da gilt es genau hinzuschauen und zu entscheiden, wer mit seinem Talent wohin *gemanagt* werden sollte, bevor er einem selbst gefährlich wird.

Talk Shop Eine Person, die auch nach der Arbeit immer nur von der Arbeit reden kann.

Teamplayer Zwei Dinge, die man seinen Mitarbeitern immer ins Gedächtnis rufen muss: 1) dass man als Boss selbst ein Teamplayer ist, solange die Mannschaft Ihre Arbeit mitmacht; 2) dass der Mitarbeiter ein Teamplayer ist, der gefälligst die Arbeit zu erledigen hat, die die anderen haben liegen lassen.

Time-to-Market Freundlicher Hinweis an alle Beteiligten, mal ein bisschen Gas zu geben und die Zeitspanne zwischen Idee, Entwicklung und Markteinführung zu verkürzen.

Trainee Jemand, der schon einen Hochschulabschluss hat und deswegen nicht mehr Praktikant genannt werden möchte.

Transparency, Transparenz Seinen Mitarbeitern so viel Einsicht in die Pläne und Vorstellungen der Vorstandsstrategen geben, dass sie plötzlich verstehen, was und warum sie das da eigentlich den ganzen Tag machen sollen.

Turnkey-Project Generalunternehmerprojekt, beim Hausbau nennt man das auch „schlüsselfertig". Meistens stellt man dann fest, dass am Fundament was nicht stimmt.

Underperformer Ein Mitarbeiter mit einer temporären oder Verstandes bedingten Leistungsschwäche. WARNHINWEIS Wenn Ihr Chef dieses Wort in Ihrer Gegenwart verwendet, ist höchste Vorsicht geboten.

Zero Tolerance Wenn man seinen Untergebenen Nulltoleranz signalisiert, dann will man entweder, dass die sich an die gesetzlichen Vorschriften und internen Regeln halten, oder einfach alles bleiben lassen, was dem CEO (→ S. 31) diesen Monat nicht gefällt.

*Einsparpotenzial durch
Effizienzsteigerung*

Denglish schreiben

So verrückt zu sprechen, wie andere Leute denken, ist schon schwierig genug, aber die wahre Herausforderung liegt darin, das Gesagte dann in einem Protokoll für die Ewigkeit festzuhalten. Denn das klassische Bizz-Bullshitting ist viel lieber ein nebulöses Echo als ein sichtbares Phänomen.

Wenn man nicht weiß, ob man *gegoogelt, gegugelt* oder *gegoodled* schreiben soll, ist das Bibliotheksprogramm im Rechner auch keine große Hilfe. Am besten schreibt man dann *„im Netz recherchiert",* schon allein deshalb, um nicht auch noch stundenlang mit der Korrektur der Autokorrekturen beschäftigt zu sein.

Aber wie jeder weiß, der sich in jahrelanger Übung an der Tastatur vom Zwei-Finger-Such- zum Sechs-Finger-weiß-schon-wo-System hochgearbeitet hat, birgt der Verzicht auf die Vokabel- und Grammatikkenntnisse des Computers nur weitere Fallen. Denn auch typisch deutsche, ellenlang zusammengesetzte Hauptwörter wollen zwischen dem fremdsprachlichen Geschwurbel korrekt geschrieben werden.

Der eine oder andere ältere Arbeitnehmer wird ja gerne schon durch die durch die Rechtschreibreform häufig gewordenen Drillingskonsonantenwörter wie Dampfschifffahrt oder Schlusssirene verwirrt, wie aber bringt man denglishe Fachausdrücke wie *Kompletttreatment* zu Papier bzw. zu Bildschirm?

Hoffnung verheißen da die seit Jahren immer wieder als zukünftige Wunderwaffe ausgerufenen Spracherkennungssysteme wie ViaVoice oder Siri! Das hilft aber auch nur denen, die nuschelfrei in nur einer Sprache arbeiten dürfen. Denn wer hat schon Zeit, dem Rechner das einzigartige, meist noch branchenspezifische Sprachengemisch Wort für Wort beizubringen, bevor man dann endlich einen Text flüssig diktieren kann?

Tatsächlich ist so ein Spracherkennungsprogramm nur dann ein gleichwertiger Ersatz für eine Sekretärin, wenn man auch vorher schon gewohnt war, stundenlang darüber zu diskutieren, was man gerade gesagt hat – und was damit eigentlich gemeint war.

Spätestens wenn das erste Verb kommt, dessen englischer Wortstamm mit deutscher Konjugation gebeugt wird, ist Schluss mit lustig. Da wird nichts mehr *gemanaged, geroutet* oder *outgerolled*, da liest sich der gerade diktierte Text dann wie eine Anbahnungs-E-Mail einer zukünftigen Teilzeitverlobten, die vom hochbegabten Online-Übersetzer der Google-Algorithmiker erst vom Russischen ins Englische und dann ins Deutsche transformiert wurde. *Übersetzt* wagt man da nicht mehr zu sagen.

Wie also soll man das händeln?

Händeln? Das kommt ja eigentlich auch von *to handle* und *handling*. Müsste man dann nicht *handlen* schreiben? Wie wird das *gehandlet*? Gehändelt? Was macht man, wenn das Denglishe mit deutschen Wörtern homophon ist, aber doch eben nicht genau dasselbe meint?

Bringt man sich am besten nicht gleich die internationale Lautschrift bei, damit dem Leser des Protokolls nachher auch klar wird, ob man etwas auf eine bestimmte Art und Weise behandeln oder sich mit jemandem auf *Händel* einlassen will? Muss man dann über die wunderbare Musik des gleichlautenden Komponisten sprechen oder kriegt man vom österreichischen Kollegen aus der Kantine ein halbes *Hendl* mitgebracht?

Das Geheimnis liegt natürlich im Kontext. Aus dem ergibt sich ja oft, wie die Vokabel zu verstehen ist. Oder sagen wir mal: im Idealfall. Wenn nämlich so ein Bullshit-Gebilde von einem *tapeworm rate* gleich mit mehreren *multiple choice meanings* oder denglishen *wordings outgefittet* wird, dann lässt sich die *basic keymessage* auch nur noch aus den *facings* der Meetingteilnehmer erahnen.

Wohl dem, der dann in seinem Büro und in seinem Budget Platz für einen begabten Gerichtszeichner findet. Oder jemanden, dem man die Schuld zuweisen kann, weil „der eben einfach nicht verstanden hat, was ich gesagt habe!"

Wichtige Verben

Englische Tuwörter deutsch zu konjugieren ist die eine Sache, eine andere ist, eine der goldenen Regeln des zeitgemäßen Bullshitting richtig anzuwenden: ohne Respekt vor althergebrachter Grammatik aus englischen Substantiven wichtig klingende Verben zu machen.

agreed sein Wenn die Anwesenden mit der vorgeschlagenen Lösung eines Problems fein (→ S. 83) sind, sind sie automatisch auch *agreed*. Sie sind aber auch einer Meinung, wenn sie alle mit einer Lösung „unfein" sind, nur dass sie dann halt ohne Lösung dastehen.

architekten Damit man sich schon mal einen Überblick verschaffen kann, welche Bausteine man für das anstehende Projekt brauchen könnte, muss man das Ganze erst einmal *architekten*.

auf ... einzahlen Wenn man nachträglich aus Nebeneffekten wichtige Aspekte des Gesamterfolgs machen wollte, hat man gesagt, das *zahlt* mit *auf* das „Guthaben" der Marke oder des Projekts *ein*. Heute benutzt man das eher als proaktive Forderung: Egal, wer was wann tut, es hat gefälligst dem Projekt zu nützen.

aufgleisen Wenn einem jedes Projekt wie ein Güterwaggon vorkommt, macht das Aufgleisen natürlich Sinn

(→ S. 89), danach muss man nur noch Weichen stellen und den Zug mit Karacho gegen die Wand fahren lassen.

breaken Doppeldeutiges Verb, da man nie sicher sein kann, ob der Chef erst einmal eine Pause braucht oder ob er einen Vorschlag ausbremsen oder nur das Gespräch darüber abbrechen will.

canceln, gecancelt Annullieren, stornieren, einen ursprünglichen Plan fallen lassen, absagen, ausfallen lassen „wegen is nich!"

ANWENDERHINWEIS Im Gespräch mit Dienstleistern ist das Wort *canceln* immer mit dem Adverb *leider* zu verwenden.

casten Egal, ob Personen oder Lösungen benötigt werden, es muss *gecastet* werden, damit man für die Rolle eine Idealbesetzung finden kann.

chargen Etwas oder jemanden mit Kosten belasten, eine Ware oder Leistung bepreisen. Aber auch und viel wichtiger: seine mobile Kommunikationseinheit aufladen.

chillen Sich beruhigen, entspannen, sich vom stressigen Arbeitsalltag erholen; oder auch: sich abregen.

clearen Einfach klären reicht nicht. Erst wenn etwas *gecleart* wurde, ist klar, worum es eigentlich geht.

coachen Damit man dem sensiblen Mitarbeiter nicht mit direkten Arbeitsanweisungen auf den Keks geht, wird er heute lieber *gecoacht*. Aber nicht wie früher in eine Kutsche verfrachtet und irgendwo hingefahren, sondern mehr im Sinne eines Ratgebers, der einem kleine Tipps gibt, wie man die Kutsche selbst dahin ziehen kann.

committen, sich committen Statt sich aus der Position der Unentschlossenheit heraus mit mehreren Möglichkeiten zu beschäftigen, soll man sich heutzutage lieber *committen*, also sich entschieden bekennen und sich vorbehaltslos engagieren; am besten für das, was der Chef vorgibt.

customizen Alter Wein in neuen Schläuchen, kein Problem; damit der Kunde aber nicht gleich merkt, dass man ihm eine Standardlösung verkauft, muss man sie *customizen*, also noch ein bisschen für ihn zurechtschustern.

datafizieren Möglichst viele nicht mathematische Informationen irgendwie in Daten umwandeln und in übersichtliche Tabellen fassen, mit denen dann Chefs und Controller im Meeting winken können.

delivern, Performance delivern Etwas beenden und abliefern, am besten natürlich eine super *performance*.

den Lead haben Eine Redewenung, die Fragen auf-
wirft, speziell für den, der jetzt *den lead hat:* Darf er
nun das Projekt anführen oder hat man ihn vorher schon
als Schuldigen ausgesucht? Ist bei Streitfragen seine
Meinung ausschlaggebend oder soll er gefälligst sehen,
wie er den Sack Flöhe unter einen Hut bringt?

dismissen 1) Einen Plan fallen lassen; 2) jemanden
entlassen.
ANWENDUNGSBEISPIEL „Mein lieber Herr Welcke,
unseren Plan, Sie weiter hier zu beschäftigen, müssen
wir leider *dismissen*!“

dissen, gedisst Rapperslang von *disrespecting*; jemanden durch respektlose Bemerkungen vor anderen runter-
putzen, im modernen Bürobetrieb eine beliebte Teil-
strategie des Mobbing.

downdrillen Einer Sache mit möglichst bohrenden
Fragen mal gründlich auf den Grund gehen.
ANWENDUNGSBEISPIEL „Da müssen wir uns mal
zusammensetzen und das Projekt *downdrillen*, bis wir
den Fehler gefunden haben!“

downloaden, gedownloaded, downgeloadet 1) Tech-
nisch: Dateien und Programme auf seinen Rechner oder
sein mobiles Endgerät herunterladen. 2) Menschlich:

Sich mal eine Information besorgen und sie in Ruhe verarbeiten.

filofaxing Da das Leben in einem multikomplexen System wie Zeit und Raum echt unübersichtlich sein kann, strukturiert der kluge Manager das Chaos mit der Papierversion einer Sekretärin, vor allem wenn er dieser modernen Teufelstechnik von Blackberry oder Apple nicht traut.
NUTZERHINWEIS Bleistift benutzen und Radiergummi nicht vergessen!

fine sein, fein sein Aus dem Englischen von *to be fine with sth. or sb.* Wo der Angelsachse signalisiert: „Damit bin ich einverstanden, das ist okay für mich!", zeigt der Deutsche mal wieder nur, dass es ihm schwerfällt, geradeheraus zu sagen, dass er wirklich zufrieden ist.

fixen Festmachen; aber auch gern benutzt, um einen Termin zu bestimmen oder eine getroffene Übereinkunft festzuhalten, im Sprachgebrauch: „Das können wir so *fixen*!"

forecasten Nach den großen Erfolgen der Wettervorhersage werden jetzt auch zukünftige Geschäftsergebnisse aus der Glaskugel auf die Powerpoint-Folie vorausgesagt. Klappt meist ganz gut, verhindert aber nicht, dass man doch überrascht ist, wenn man plötzlich mit Shorts im Schneeregen steht.

forwarden Eine Information weiterleiten.
ANWENDUNGSBEISPIEL „Kohn, wenn Sie die Ergebnisse von Müller haben, können Sie die mal an mich *forwarden*!"

etwas gegreenlighted bekommen Eine Genehmigung erhalten, „grünes Licht" bekommen.
ANWENDUNGSBEISPIEL Keine Ahnung, ob wir das noch rechtzeitig *gegreenlighted* kriegen!

implementieren Etwas in ein vorhandenes System einbauen, meist nach dem guten alten Handwerkermotto: „Was nicht passt, wird passend gemacht!"

labeln Etwas als zu einer Marke zugehörig markieren; in zweierlei Hinsicht wichtig: 1) Immer erst mal einen Papper draufmachen, bevor ein anderer die Idee für sich beansprucht; 2) um ein minderwertiges Produkt, z. B. ein Parfum, durch Bekleben mit dem Namen einer höherwertigen Marke, z. B. einer Sportwagenmarke, die eigentlich gar keine Düfte, sondern Abgase herstellt, viel teurer verkaufen zu können.

launchen Etwas starten; meist einen Produktverkauf beginnen oder eine Kampagne lostreten, aber nicht so peu à peu, sondern am besten wie bei einer Rakete mit einem großen Knall.

microbloggen Nicht alles muss in Zeiten des *mobile marketing* in aller Tiefe ausgebreitet werden, oft geht es nur darum, kurze Nachrichten schnell zu verbreiten; twittern z. B. ist quasi das *microbloggen* des kleinen Mannes.

monetizen, monetisieren In einer multilateralen und multifunktionellen Welt kann man ja viele Arten von Guthaben und *profits* haben, aber irgendwann muss man das auch mal zu Geld machen. In hypothetischen Gesprächen (forecasten → S. 83) ersetzt *monetisieren* auch oft das gute alte „Können Sie das mal in Zahlen ausdrücken!"

monitoren, permanent monitoren Etwas beaufsichtigen, auf dem Schirm haben, mal schauen, was da so vor sich geht.
ANWENDUNGSBEISPIEL „Kuhlmann, die *quality mismatches* bei den *providern* in der *supply chain* sollten wir *permanent monitoren*!"

networken An und in einem Netzwerk arbeiten (nicht zu verwechseln mit: im Netz arbeiten!). 1) Geschäftspolitisch: Man spinnt sich ein Netz von Personen mit gleich gelagerten Interessen zusammen, mit denen

man dann versucht, im Netz an einem Strang zu ziehen.
2) Innerbetrieblich: Viele Mitarbeiter spinnen die Fäden
und einer heimst die Beute ein. 3) Freiberuflich: Damit
der Kunde nicht selbst auf die Suche nach anderen
Dienstleistern geht, ist es immer gut, wenn man jemanden kennt, der das kann, was gebraucht wird. Und den
kauft man kurzfristig und ohne Sozialversicherung für
das Projekt ein.

nudgen, nudging Jemanden anstupsen, jemanden
motivieren, etwas Bestimmtes zu tun, ohne ihm einen
direkten Befehl zu geben.
ANWENDUNGSBEISPIEL Auch unser aller Regierungs-
mutti hat nun nach amerikanischen Vorbild ein paar
Psychologen als *Nudging*-Experten eingestellt, die uns
Bürgern in Zukunft immer einen kleinen Stups geben
sollen, damit wir das Richtige tun, und zwar gerne; z. B.
Solizuschlag weiterbezahlen, den Fahrradhelm auch
bei Stadionbesuchen tragen und möglichst viele Aka-
demikerkinder kriegen.

onboarden Jemanden an Bord holen, ihn also möglichst schnell in alle wichtigen Details eines Projekts
einweihen.

operationalize Eine echt komplizierte Umschreibung
für etwas *tun*.

outphasen Irgendwas beenden, eine Produktserie auslaufen lassen.

WARNHINWEIS Auch Menschen können *geoutphased*, also entlassen werden.

parachuten Wenn man das Gefühl hat, sich mit seinem Projekt auf dünnem Eis zu bewegen, dann sollte man es unbedingt *parachuten*, sich also schnellstens irgendwo einen Fallschirm besorgen; oder wie man in Europa gerne sagt: einen Rettungsschirm!

performen Etwas leisten, Leistung erbringen; aber nicht im Sinne von „die Arbeit wird getan", sondern sie wird wie bei einem Performance-Künstler so getan, dass es von anderen auch bemerkt wird.

pimpen Etwas aufmotzen, hübscher machen, besser erscheinen lassen.

ANWENDUNGSBEISPIEL „Blatter, lassen Sie mal die Zahlen vom letzten Quartal raus und *pimpen* Sie die mir für den Jour fixe mit dem Vorstand."

pushen Ein Projekt vorantreiben oder die Leute antreiben, die das Projekt ein bisschen haben schleifen lassen.

realizen, realisieren Etwas aus den Köpfen heraus in eine materielle oder finanzielle Wirklichkeit umwandeln. Oder umgekehrt: Etwas in seinen Kopf reinkriegen, was da draußen schon längst Wirklichkeit ist.

relaunchen Wenn man etwas *relauncht*, heißt das nicht unbedingt, dass der eigentliche Launch (→ S. 84) ein Fehlschlag war, sondern dass man ein bereits erfolgreiches Produkt in einer an neue Kundenanforderungen angepasster Form neu herausbringt, am besten wieder mit einem lauten Knall. Nicht zu verwechseln mit up-daten (→ S. 90).

releasen Etwas herausbringen, veröffentlichen; wo das Produkt gelauncht (→ S. 84) wird, werden Software, Filme, Literatur oder Musik eher *releast*.

saven, gesaved, save haben Nicht nur Datenbestände und Präsentationen müssen gesichert werden, auch andere sonstwo frei im Raum herumschwirrende Informationen (Gerüchte) müssen mal *gesaved* werden. ANWENDUNGSBEISPIEL „Müller hat gesagt, da kommt noch was vom Vorstand. Können Sie das mal *saven*, bevor wir hier weitermachen?"

sharen Etwas teilen, im Sinne von: mehrere Personen auf denselben Wissensstand bringen, Wissen teilen. ANWENDUNGSBEISPIEL „Meiers Leute sind mit der Testreihe durch, die sollen mal ihre Ergebnisse mit uns *sharen*!" Schönes Bonmot: „Ich habe mein Wissen geteilt. Jetzt weiß ich nur noch die Hälfte!"

shiften, umshiften Zahlen, Termine oder Handlungsschwerpunkte so lange nach Gutdünken verschieben, bis es besser passt.

Sinn machen Dort, wo sich früher nach reiflicher Überlegung ein Sinn mit erhobenen Händen ergeben hat, wird heutzutage *Sinn gemacht*.

skippen Einen Punkt in der Tagesordnung, ein offenes Problem oder einfach nur eine quälend langweilige Vorrede überspringen.

ANWENDUNGSBEISPIEL „Och, Beckenbauer, das wissen wir schon, können Sie das mal *skippen*!"

slides scribbeln Bevor irgendeiner der Powerpoint-Nerds aus der Grafikabteilung eine schicke Präsentation erstellen kann, muss der Inhalt erst mal grob skizziert werden.

strategizen Wenn man nach stundenlangem Brainstorming (→ S. 63) endlich ein paar brauchbare Ideen zusammen hat, muss man das Ganze noch ein wenig *strategizen*, damit der Vorstand auch erkennt, warum die Ideen so gut sind.

switchen Die Strategie ändern, von einem Pferd auf das andere umsatteln oder einfach nur das Thema wechseln.

takten, eng takten Beliebtes Wort bei allen, die auf der Galeere dem Trommler sagen dürfen, wie schnell er den Takt schlagen soll.

toppen Ausstechen, überbieten, ein besseres Ergebnis erreichen.
ANWENDUNGSBEISPIEL „Müller, die Zahlen sind ja nicht schlecht, aber das können Sie doch locker *toppen*!"

tracken, eng tracken Ein Thema oder einen Projekt-fortschritt genau verfolgen.

updaten Nicht nur Computer, auch Menschen kann man *updaten,* also auf den neuesten Stand bringen.
ANWENDUNGSBEISPIEL „Schmitt, wie weit sind Sie denn mit dem Projekt? Können Sie mich mal *updaten*?"
ACHTUNG Das Ergebnis ist aber oft dasselbe wie bei einem *software update*. Der Mensch weiß nun mehr als vor dem *update*, aber die Benutzeroberfläche ist jetzt verwirrend anders!

utilizen Im Englischen schon eine überflüssige Ver-längerung des Verbs *to use*, im Deutschen aber ein echt typischer Bullshit für etwas *nutzen* oder *gebrauchen*.

verlinken, verlinkt 1) Ergebnisse oder Tatsachen in einen Bezug zueinander setzen: „Schmidt, die Verkaufszahlen müssen Sie aber noch mit der Altersstruktur der Käufer *verlinken*!" 2) Menschen miteinander verbinden. Wo man sich früher höflichkeitshalber noch Zeit genommen hat, sich bei passender Gelegenheit vorstellen zu lassen, fordert man heute unverblümt, mit dem anderen *verlinkt* zu werden: „Wenn der das besser (schneller, billiger) kann als Sie, dann können Sie mich ja mal mit dem *verlinken*!"

vermehrwerten Aus einem Ereignis irgendwie noch einen zunächst immateriellen Nutzen herausschlagen.

vernetzen Rechenmaschinen, Vorgänge oder Personen miteinander verknüpfen.
ACHTUNG Wenn jemand zu Ihnen sagt, dass man sich in der Angelegenheit *vernetzen* sollte, kann das einerseits heißen, dass er mal mit Ihnen einen Kaffee trinken gehen und klönen will; es kann aber auch durchaus sein, dass derjenige sich nicht nur ein Netz knüpfen will, sondern auch schon einen doppelten Boden baut.

verschlagworten In eine Vorstandvorlage ein paar von den Lieblings-Bullshit-Begriffen des Chefs einbauen.

viral gehen Seine gute Meinung über die eigenen Produkte und Leistungen im Internet kundtun und darauf hoffen, dass aus der alten Mund-zu-Mund-Propaganda eine zeitgemäße *Click-to-Click*-Kampagne wird.

voten, gevoted Abstimmen, oder besser: seine Stimme für etwas geben. „Also, wenn Sie mich fragen, ich hätte für den Deal mit den Koreanern *gevoted*!"

vouchern Neudeutsch für die kleinen Geschenke, die auch eine Geschäftsfreundschaft erhalten: „Wir müssen den mal *vouchern*!"
ACHTUNG Nicht zu verwechseln mit einer ernsthaft gemeinten Bestechung!

weggefaded Ausgeblendet, in den Hintergrund gedrängt, etwas als nicht mehr wichtig erachtet.

xingen Der Businessmann von Welt gibt sich natürlich nicht die Blöße, sich auf Facebook mit dem gemeinen Volk zu verbrüdern, unter Geschäftsleuten wird *gexingt*.

youtuben Content (→ S. 13) auf eine Videoplattform stellen und so der Öffentlichkeit zugänglich machen; im Business Speak eher im Zusammenhang mit dem Wunsch nach Diskretion benutzt: „Wenn de das dem Ferenc aus der Kantine erzählst, kannste das auch gleich youtuben!"

zoomen Mal einen näheren Blick auf etwas werfen, aber dabei das Scharfstellen (Fokussieren) nicht vergessen.

Übung

Konjugieren Sie:
breaken
Beim Meeting haben wir
eine Pause gemacht, also
haben wir …
a) breaked
b) gebreaked
c) gebroken
d) went broke

Konjugieren Sie:
downdrillen
Das Problem haben wir …
a) downgedrillt
b) gedowndrilled
c) gedrilldowned
d) ausgesessen

Ergänzen Sie:
Für die Präsentation
beim Vorstand müssen
wir unsere Ideen noch …

a) pimpen
b) vercharten
c) strategizen
d) toppen
e) verschlagworten

Bekennen Sie:
Um meine Bullshit-
Abilitys besser auszu-
bauen, muss ich dieses
Buch …
a) eng tracken
b) monitoren
c) täglich utilizen
d) vermehrwerten
e) zoomen

Der Mega Best-of-Breed Bullshit
Wichtige Füllsel

Kurze Sätze sind Gift für gekonntes Bullshitting. Was also macht der ehrgeizige Bullshitter? Er bewaffnet sich mit einer ganzen Reihe von wichtig klingenden Hilfswörtern, die sich als Adjektive, Adverbien oder einfach nur als Wörter ohne genaue grammatikalische Funktion eignen. Mithilfe solcher Wörter kann der Redner beinahe jeden x-beliebigen Satz in eine verwirrend schöne Skulptur aus sinnlos aneinandergereihten Bullshit-Füllseln verwandeln.

Ja, schon klar, in einem Lexikon müssten diese Wörter ja nun auch übersetzt und inhaltlich erklärt werden; aber ehrlich, wenn Sie erst einmal in einem ordentlichen Bullshit-Vortrag eingearbeitet sind, verliert sich der rudimentär vorhandene ursprüngliche Sinn sowieso im weiten Meer der Interpretationsmöglichkeiten. So wie es den ehernen Prinzipien des Bullshitting gemäß ist.

Additiv agile aktionistisch ambivalent antizipiert antizyklisch avisiert back-end best-of-breed cross-medial customized cutting-edge darstellbar dezentral divergierend dynamisch dysfunktional easy-to-use effektiv effizient endoskopisch energetisch falsifiziert fingiert flexible front-end fokussiert foxy functional game changing gehyped global hausintern hollistisch hybrid hyperhypothetisch implementiert implizit indiziert innovativ integriert interaktiv interdisziplinär katalytisch kohärent kompatibel konkretisiert konzentriert kybernetisch lean liberalisiert magnetisch matrixbasiert mega- meta- mission critical multi- nachhaltig next-generation optimiert orchestriert out of the box plattformübergreifend positiviert powerful pretested priorisiert proaktiv real-time robust sexy signature simplifiziert strategisch streamline supervisionsabhängig synergetisch synthetisiert systemimmanent tailor-made targeted terminabhängig transaktionssicher topologisch unique usable user-orientiert vertikal verzifiziert viral web-enabled zeitnah zielgruppenaffin zielorientiert

4

Galant vakant

Sprechen mit Kunden

Auch im Gespräch mit Kunden kann die richtige Dosis Bullshit eine wichtige Überlebenstechnik sein. Es ist aber ein schmaler Grat zwischen dem Humbug, der durch sprachliches Tarnen und Täuschen den Kunden zum Laien degradiert, und dem Bullshit, den jeder Kunde gerne hört, weil sein mystifizierender Klang der Zusammenarbeit mit Ihnen irgendwie eine vernünftige Vertrauensbasis gibt. Denn wenn jemand so klug daherparliert wie Sie, dann weiß der sicher auch, was am besten für den Kunden ist.

Aber es ist auch immer ein Duett, ein Zusammenklang der verschiedenen Sprachwelten. Denn so sehr es darum geht, den Kunden mit Worten zu beeindrucken, so wenig darf man ihn auch mit Humbug überfordern oder gar einschüchtern. Sie müssen das Gespräch führen, dürfen aber Ihrem Kunden nicht auf die Füße treten.

Darum Vorsicht: It takes two to tango!

Hören Sie genau auf seine Wortwahl und flechten Sie die Vokabeln ihres Gegenübers gekonnt in Ihren Bullshit-Vortrag ein.

Advantage Customer Für den eigenen Vorteil (Umsatz) wichtige und daher bevorzugte Kunden, denen man einen Vorteil bei Betreuung und Belieferung einräumt.

All-Age Tolle Vorsilbe für z. B.: Produkte für jedes Alter, etwa Harry-Potter-Bücher, Inkontinenzunterwäsche und Wasserflaschen mit Haltbarkeitsdatum.

Bricks and Clicks Beschreibt ein Vertriebsmodell, das gleichzeitig auf den Verkauf in Geschäften wie auch im Internet setzt, wobei der Backstein *(brick)* für die materielle Welt vor der Haustür steht.

Clearing Team Beschwerdeabteilung, die mit dem schönen Wort *klären* im Titel den Verdacht nährt, dass der Grund für eine Beschwerde auch behoben werden kann, aber nur, wenn man sich durch Hotlinewarteschleifen und Callcenter bis zu dieser oft gut verborgenen Abteilung durchtelefoniert hat; nicht zu verwechseln mit dem *Cleaning Team* des CFM (→ S. 31).

Conference Call Reisekosten sparende Telekommunikation, bei der sich mehrere Projektbeteiligte auf einer Nummer einwählen, damit der Kunde nicht jedem alles dreimal sagen muss.

Cross Selling Erweitern des Verkaufsangebots mit branchenübergreifenden Waren und Dienstleistungen, um den Kunden bei der Stange zu halten und Absatz zu fördern bzw. zu sichern. Klassische *Cross-Selling*-Beispiele: die Tankstelle, die ihren Kunden im eigenen Supermarkt Produkte des nächtlichen Bedarfs feilbietet, um nebenher noch ein bisschen Benzin zu verkaufen; der Drogenhändler, der seinen Kleindealern auch Waffen verkauft, damit die ihren Absatzmarkt besser verteidigen können.

Customer Care Vorgeschaltete Kundenbetreuung, die sich so lange um den Kunden bemüht, bis der seine Kaufentscheidung gefällt und das Produkt mit nach Hause genommen hat. Dann übernimmt wieder das Clearing Team (→ S. 99).

Customer Intimacy Eine gewisse Vertrautheit mit dem Kunden durch kontinuierliche Pflege der *Customer Relationship*.

Email-Tennis Ein schier endloses Hin und Her von E-Mails, die, um Zeit zu sparen, ein kurzes Telefonat ersetzen sollen. ACHTUNG Wie beim richtigen Tennis kann sich die Partie über mehrere Sätze und Stunden hinweg ziehen.

Eyecatcher 1) Produktdetail, welches das Sehzentrum des Kunden auf besondere Weise anspricht und Neugier hervorruft; 2) Blickfänger, um die Aufmerksamkeit des Betrachters auf eine Werbeanzeige zu lenken. NUTZERHINWEIS Sekundäre Geschlechtsmerkmale und andere sexuelle Signale in Verbindung mit der Farbe Rot haben sich bewährt; vor allem, wenn es sich bewegt!

Facing Zielgruppenaffine Platzierung von Waren im Supermarktregal, möglichst auf Augenhöhe mit dem jeweiligen Kunden. Denn wie die Verbraucherforschung

Abteilung: Escape Strategy

bewiesen hat, hält der Kunde eine Ware, nach der er sich bücken muss, instinktiv für minderwertig. BAKSCHISCHHINWEIS Da der Supermarktleiter bestimmt, welches Produkt auf welcher Höhe und in welchem Regal ausgestellt wird, befindet er sich in der idealen Position, von den Vertriebsmitarbeitern der Hersteller geldwerte Freundlichkeiten zu erbitten. NUTZERHINWEIS Bier auf 1,80 m, Schminke auf 1,60 m und Lutscher auf 1,10 m! Alles darunter heißt Bückware!

Feature 1) Fähigkeit oder Eigenschaft eines Produkts oder einer Leistung, die genau das tut, was Produkt oder Leistung schon vorher versprochen haben; 2) zusätzliches Merkmal, das eigens vom Marketing (→ S. 48) erfunden und angebracht wurde, um die soeben damit erfundene Lücke im Markt direkt wieder zu schließen.

Full Service Komplettes Dienstleistungsangebot: „Alles aus einer Hand". Das Problem ist nur, dass, wer alles *aus* einer Hand haben will, vorher auch alles *in* eine Hand legen muss – und da sind heutzutage Zentraler Einkauf und Controlling vor.

Give-aways Werbe- bzw. Streuartikel wie z. B. Feuerzeuge oder Kulis mit Firmenlogo, mit denen der Beschenkte stets an seinen Gönner erinnert werden soll. Leider haben die meisten *give-aways* kaum mehr als einen Schrottwert im Vergleich zu den Feuerzeugen oder Kulis, die die Kunden schon zu Weihnachten von ihren Verwandten bekommen haben, und landen statt im Gedächtnis der Kunden in irgendeiner Schublade. VERSTÄNDNISHINWEIS *Give-aways* sind die kleinen, hässlichen Schwestern echter Werbegeschenke.

Guerilla-Marketing Ungewöhnliche Werbemaßnahmen, mit denen bei geringem Aufwand eine hohe Aufmerksamkeit erzielt werden soll, möglichst unter Vermeidung der in den meisten Medien anfallenden Schaltkosten für Werbung. VERSTÄNDNISHINWEIS Quasi alles, was ein kleines Unternehmen macht, weil es kein Geld für richtige Werbung hat, ist *guerilla-marketing*.

High Touch Client Ein ganz, ganz wichtiger Kunde, den man nicht verlieren sollte, wenn man seine Karriere behalten will.

Hot Button Topic Wenn man eine Agenda (→ S. 114) für ein Meeting schreibt, kann da selbstverständlich nicht nur ein Punkt draufstehen, denn so ein Meeting-Programm mit nur einem Gesprächspunkt sieht immer so aus, als hätte man sich bei dem Treffen nicht viel zu sagen. Weil es aber *at the end of the day* doch nur das eine relevante Thema gibt, kriegt es den Ehrentitel *hot button topic*.

Kundenbesprechung

Mein lieber Herr Schade, ich darf Ihnen versichern, dass wir Sie im Rahmen unseres Costumer Care als High Touch Client mit absoluter Priority betrachten und unsere neu geschaffene High Creative Solution Unit sich schon intensiv mit Ihrer Bricks-and-Clicks-Kampagne auseinandergesetzt hat. Wir haben da schon mal ein bisschen Research betrieben und Ihre Brand Awareness gecheckt, um mal ein Feeling zu bekommen, ob wir mit einer All-Age-Cross-Selling-Strategy richtig liegen oder ob es doch vielleicht mehr in Richtung Guerilla-Marketing-Maßnahmen im Social-Media-Bereich gehen müsste, ohne natürlich unserem heutigen Kennenlernen allzu weit vorauszugreifen, denn um das sauber konzipieren zu können, müssen wir natürlich erst mal diese Q-and-A-Session mit Ihnen durchführen, um Ihr wirklich schon sehr gut ausgearbeitetes Briefing zeitnah zu durchdringen, denn natürlich gilt es gerade bei so einer komplexen Image Campaign alle Aspekte zeitnah abzuklopfen, damit unsere Strategy nachher auch den richtigen Look-and-feel bekommt, bevor wir hier einen Marketing Blitz für Ihre neuen Produkte starten, denn eins ist ja klar: Der Markt ist da draußen und wartet nur auf Sie!

Deswegen steigen wir am besten direkt mit unserem Hot Button Topic in unsere Agenda ein: Sagen Sie, Herr Schade, was macht Ihre Firma nochmal gleich?

Wir sind schon beim Kunden. Googeln Sie mal schnell Schade & Söhne und schicken Sie's dem Chef aufs Handy … Aber asapissimo!

Hotline Abspielmedium für oft sehr lieblos aufgenommene, weil möglichst GEMA-freie Instrumentalmusik; hauptsächlich gedacht als entnervender Radioersatz für notorische Querulanten, die sich tatsächlich bis zum Clearing Team (→ S. 99) durchtelefonieren wollen.

Just in time 1) Der kleine Zeitraum unmittelbar vor einer Deadline (→ S. 65), in dem der Abnehmer schon leicht nervös wird; 2) Belieferungskonzept, bei dem notwendiges Material oder Informationen für eine Produktion „gerade noch rechtzeitig" geliefert werden. VERSTÄNDNISHINWEIS Durch *Just-in-time*-Zulieferung werden Lagerkapazitäten und -kosten verringert, sagt der Abnehmer. Oft tauchen die aber beim Lieferanten wieder auf! Wenn beide Seiten durch ein abgestimmtes Produktionsverfahren versuchen, die Vorratslagerung weitestgehend abzubauen, dann fährt das Zeugs zwischen Vorproduktion und Endfertigung so lange in osteuropäischen Lastwagen auf unseren Straßen rum, bis es gebraucht wird.

Keyword Advertising Wenn es durch massenhafte Penetration gelingt, die Werbebotschaft auf einen Schlüsselbegriff zu begrenzen. Beispiele: Geiz ist geil! Vorsprung durch Technik! Draußen nur Kännchen!

Kickback Rückzahlung eines Gewinnanteils vom Auftragnehmer an den Auftraggeber zum dauerhaften

Erhalt der Geschäftsbeziehung. Leider in letzter Zeit immer öfter direkt von Einkäufer und Controller des Auftraggebers eingefordert.

BAKSCHISCHHINWEIS Das vor allem in Geschäften mit Zwischenhandel beliebte Mittel zur Motivierung des Vermittlers ist zwar in vielen Ländern mit hohem Bananenanteil üblich, direkte Bestechung ersetzt es aber nicht.

Know-how Ein Klassiker des Business Bullshit, das *Gewusst-wie*! Sollte man immer wieder mal einflechten, weil es schon rein sprachlich nahelegt, dass man sich in irgendwas gut auskennt.

Look-and-feel 1) Stil, Design und Haptik eines Produkts; 2) Stil und Gestaltung eines Mediums wie einer Präsentation, einer Webseite, einer Anzeige oder eines Werbeclips.

WARNHINWEIS Wenn Ihr Kunde mit Ihnen mal über *look-and-feel* sprechen will, erwartet er von Ihnen, dass Sie die nötigen Fachausdrücke und Verständnisfragen erläutern und ihm die Argumente für seine zukünftige Meinung liefern.

Marketing Blitz Eine sehr aggressive Werbekampagne, mit der man ein Produkt schnell bekannt machen will.

Share of Wallet Wörtlich *Anteil an der Brieftasche;* gemeint ist der Anteils eines Unternehmens am Umsatz-

*Unwissenheit schützt
vor Torheit nicht*

potenzial des Kunden; d. h. wie viel gibt der Kunde für das aus, was ein Unternehmen an Produkten und Dienstleistungen bieten kann. Wenn man schon einen Kunden gewonnen hat, kann es lohnend sein, den Umsatz mit diesem Bestandskunden weiter zu erhöhen. Der Aufwand zur Steigerung der *Kundenausschöpfung* ist oft geringer, als neue Kunden zu gewinnen.

Snackable Content Eine der Hauptaufgaben des Chartisten (→ S. 63) ist, den Inhalt der Präsentation für den Kunden in übersichtliche, leicht verdaubare Häppchen aufzuteilen.

Trendscout Einer, der professionell Trends aufspürt und beobachtet. Also ein Mittdreißigjähriger, der in Bars für Zwanzigjährige geht, und die dann fragt, was sie da machen.

Das Totschlagargument

Lerne von den Meistern! Der wohl am meisten bewunderte Bullshit-Satz auf deutschen Bühnen stammt vom Wirtschaftskabarettisten und Bürocomedian Hans Gerzlich.

Als Marketingreferent hat er sich jahrelang durch die Strategiemeetings eines Energiekonzerns laviert, bevor er — wie er immer betont: aus Angst vor Entdeckung! — ausstieg und seither seine Bullshit-Kenntnisse als Kabarettist einsetzt.

Angst vor Entdeckung? Ja, der studierte Wirtschaftswissenschaftler war jahrelang nachts schweißgebadet aufgewacht, vom Gedanken gequält, dass sie ihm in der heutigen Sitzung „sicher draufkommen" und ihm die Maske des ökonomischen Jargons vom Gesicht reißen werden.

Um nicht völlig unbewaffnet in den Kampf zu ziehen, hat sich Hans Gerzlich einen einzigen Bullshit-Satz aufgeschrieben, auswendig gelernt und immer dann aus der Hüfte geschossen, wenn es im Meeting brenzlig wurde. Jahrelang. Immer denselben einen Satz — und keiner hat's gemerkt:

„Ich denke mal, wir sollten eine integrierte Dritt-
generationskonzeption im Silver Market fahren,
um die funktional orientierte Aktionskontingenz
anzuschieben, wodurch wir im E-Commerce-
Bereich unser Lean-Business in eine systemati-
sierte Wachstumsphase überführen, wenn wir
gleichzeitig durch eine aggressive Pull-Strategie
eine permanent-progressive Identifikationsebene
im Downstream-Bereich implementieren können."

5

Mit Stil versenkt

Überlebensfloskeln
im Meeting

Wo immer man sich zusammensetzt, um wichtige Dinge zu besprechen, ist der Bullshit-Schalk nicht weit. Genau genommen sitzt er den meisten Sitzungsteilnehmern schon im Nacken, wenn sie durch die Tür treten und die klassenzimmerähnliche Atmosphäre des Meetingraums einatmen. Und zu Recht! Denn wo, wenn nicht hier, und wann, wenn nicht jetzt, sollten Sie Ihren frisch erworbenen Bullshit-Wortschatz benutzen?

Above board verhandeln Wenn jemand mit Ihnen *above board verhandelt,* will er sich davon überzeugen, dass eben nichts unter den Tisch gefallen lassen wird. Oft lohnt es sich dann, mal nachzuschauen, was der Verhandlungspartner hinter seinem Rücken versteckt hält.

Absentee Jemand, der nicht da ist. Manchmal sind es grade die Leute, die nicht mit am Tisch sitzen, die den Verlauf des Meetings durch ihre Abwesenheit wesentlich mitbestimmen.

Agenda Ist immer gut, wenn es für ein Meeting eine Agenda gibt, am besten mit mehreren *items* und einem *main point* oder einem Hot Button Topic (→ S. 103), der auch nichts anderes als ein *main point* ist, aber toller klingt. Noch besser ist, wenn man die Agenda erst kurz vorm Treffen selbst geschrieben hat, weil dann die anderen nicht wissen, worum es geht.

Best Practices Klar, egal was man tut, man sollte schon versuchen, das zu tun, was sich bisher als die beste Vorgehensweise erwiesen hat.

Bio Break Wenn während eines langen Meetings die Natur ihren Tribut fordert, weil die trockenen Kekse die Menge an getrunkenem Kaffee und Wasser nicht mehr aufsaugen können.

Bleeding-edge Technology Jede Art von unausgereifter Technik, bei deren Einsatz oder Verkauf man sich leicht eine blutige Nase holen kann.

Commercial Wife-Beating Wenn der dominante Partner, also meist der Auftraggeber, seinen Lieferanten nach allen Regeln der Verhandlungskunst eigentlich untragbare Konditionen aufpresst.

den Deal clinchen Einen Abschluss tätigen, den Vertrag eintüten.

Fact Finding non-Decision Meeting Ein informelles Treffen ohne Entscheidungsstress, bei dem man sich mal so gegenseitig erzählt, was einem bei der Arbeit aufgefallen oder von einer Sache so zu Ohren gekommen ist. Die auf diese Weise zusammengetragenen Fakten werden anschließend nochmal *gegoogelt* und für ein späteres Meeting aufbereitet, in dem dann festgestellt wird, dass auf vorgesetzter Ebene bereits neue Fakten geschaffen wurden.

Hard Stop Wenn man seine Pappenheimer kennt und befürchtet, dass ein Meeting sich mit fortschreitender Dauer in immer mehr Geschwafel ergehen könnte, kündigt man den *hard stop* an; ein Hinweis darauf, dass man jetzt dringend in einem anderen Termin gebraucht wird!

Listening-in Listening-out Spaßige Meetingtechnik, bei der einzelne Teilnehmer im Wechsel vor die Tür geschickt werden und so den Fortgang der Diskussion nicht verfolgen können. Wenn sie dann zurückkommen, dürfen sie dumme Fragen stellen und so herausfinden, ob die Gruppe sich inzwischen in irgendeinen Unfug verrannt hat.

Metaplan Beliebte Tagungstechnik mit ganz vielen bunten Kartonkarten, dicken Eddings und großen Pinnwänden, mit deren Hilfe die Tagungsteilnehmer den stilfreien Hotelsaal nach und nach in eine fröhliche Kita verwandeln.
HINWEIS Das Ergebnis ist meist am interessantesten für den Graphologen, der im Auftrag der Firma die Personalabteilung berät.

Mindmapping Darstellungsmethode, um Gedanken zu strukturieren und zu visualisieren. Der Einsatz dieser

Kreativtechnik z. B. auf Workshops scheitert leider meist an der Tatsache, dass der große Beamer heute woanders gebraucht wurde und auf dem kleinen die Landkarte der Geistesblitze schlecht zu erkennen ist.

Nitty-gritty Wenn ihr Verhandlungspartner zum *nitty-gritty* kommt, dann geht es auf gut Deutsch ans Eingemachte.

Offline Wenn man etwas mitten im Meeting *offline* stellt, dann möchte man das delikate Detail lieber nochmal unter vier Augen und möglichst ohne die Anwälte besprechen.

Off-Topic Wenn einem nix Schlaues zum konkreten Thema einfällt, kann man einfach irgendwas anderes Schlaues einstreuen, muss dann aber hinzufügen, dass das *off-topic* ist. Dann müssen die anderen erst mal überlegen, ob sich in der Bemerkung nicht doch ein Hinweis versteckt.

Proof-of-Concept Wenn man im Meeting die innovative Idee eines anderen ausbremsen möchte, fragt man am besten immer nach dem *proof-of-concept*, also dem Machbarkeitsnachweis. Da steckt der Gegner im Dilemma, denn wie soll man bei einer Innovation den Nachweis führen, dass sich das Geschäftsmodell schon mal erfolgreich durchgesetzt hat?

Finde den Unterschied

Q-and-A-Session Veranstaltung *(session)*, auf der Fragen *(questions)* gestellt werden dürfen und Antworten *(answers)* gegeben werden, auch wenn beides nicht immer gleich zusammenpasst.

Quality Circle Meetingtechnik im Kaizen (→ S. 46), bei der sich mal alle feng-shui-mäßig an einen runden Tisch setzen und sich mal so richtig die Meinung sagen, bis entweder ein Produkt, die Zusammenarbeit oder wenigstens die Bewunderung mittelalterlicher Japaner wieder richtig funktioniert.

Risk Management Die Lieblingsbeschäftigung der Bedenkenträger im Unternehmen, die Produkte und Prozesse auf mögliche Risiken hin untersuchen und Vermeidungsstrategien entwerfen, damit die Optimisten aus dem *Research and Development Department* mit ihren tollen Ideen nicht die ganze Firma an die Wand fahren.

Schnittstellendefinition Positive S.) Lasst doch einfach die Spezialisten in ihrer Sprache und direkt miteinander reden. Negative S.) Erst mal muss geklärt werden, wer hier überhaupt mit wem reden darf, damit nicht auffällt, dass einige aus der Hierarchie zwar was zu sagen, aber gar nichts zum Thema beizutragen haben.

Sweetheart Deal Meistens sind Verhandlungen schwierig und hart, aber manchmal kommt da auch ein *sweet-*

heart deal bei raus; etwas, das für beide Seiten extrem lukrativ ist. Nennt man auch Win-win-Situation.

The next big thing Entweder hat man es schon im Köcher oder man lässt die anderen glauben, man hätte es da schon. Auf jeden Fall freut sich der Kunde schon mal drauf; was einem die Zeit verschafft, nochmal im Köcher nachzuschauen.

Troubleshooter Jemand, der für kurze Zeit in eine Arbeitsgruppe hinzugezogen wird, um ein drängendes Problem zu lösen, und dabei drei bis vier neue, nicht so drängende Probleme auslöst.

Worst Case Der SuperGAU unter den Fallstudien, und wenn man Pech hat auch unter den tatsächlichen Geschäftsvorkommnissen. Aber in beiden Fällen kann man draus lernen, wie man's nicht macht.

Seriell angeordnete Hauptwörter

Was dem Deutschen seine geliebten zusammengesetzten Hauptwörter sind, sind dem geübten Bullshitter die aneinandergereihten Substantive, wahlweise noch mit Füllsel- und Übertreibungsfloskeln verbindestricht.

Best-of-Breed Multi-Vendor Software Solution

Cold Calling Sales Pipeline Operator

Data Science Thought Leader

Income not IF-come Business Partnership

Marketing Automation Landscape

Maximum-Challenge Assignment Capsule

Mind-thrilling Reichweiten-Analyse-Tools

Multi-Channel Community Marketing

Multi-Plattform Application Strategy

Soft Skills to Hard Facts Convergence

Touchpoint-orientierte Customer Journey

Business Bullshit Meisterschaft

„Bigger words come from bigger brains!"

Ja, verehrte Kollegen, anhand der fingierten Modellanalyse konnten wir im Systemcheck wesentliche Trigger verifizieren, mit denen wir die dysfunktionale Risikobereitschaft aus der Prozesssteuerung eliminieren konnten und so zu einem validen Forecast der hausintern supervisionsabhängigen Output-Optimierung kommen.

Aber, Herr Müller, der synergetische Ereignishorizont zwischen systemimmanentem Daten-Overkill und betriebsinterner Lean-Budget-Konsolidierung zeigt eindeutig einen Trend zur transaktionssicheren Ergebnisoptimierung in einem hermetischen Zukunftsmarkt.

Sicher, Herr Schmitt, dennoch, zahlreiche Studien belegen, dass die heruntergeschraubte Spekulation über hypothetische Marktstrategien nur zu globalen Ansätzen führt, wenn die kumulativ indizierte Gateway-Funktion entlang der vom Vorstand gesetzten Leitplanken zeitnah umgesetzt wird, natürlich unter der Voraussetzung, dass die generischen Performance-Hemmnisse für unsere hybrid-agilen Products minimiert werden.

Ich verstehe, worauf Sie hinauswollen, Herr Müller, aber das Ganze wird als priorisierte Marketingkampagne nur implementierbar, wenn anhand der Durchlaufparameter eine liberalisierte Strukturbereinigung konkretisiert und damit ambivalente Aktionspotenziale in der zukunftsrelevanten Area der nutzungsintensiven Next-Generation-Produktlinien realisiert werden können.

Aber, mein lieber Herr Schmitt, wir sind uns ja einig, dass eine divergierende Dezentralisierung auf der Schwelle zur Akzeleration einer integrierten Push-Campaign nur durch kontextsensitive Operationen wie einem Drill Down der Enterprise Application Integration bei gleichzeitiger Fokussierung auf unseren interdisziplinär katalytischen Kernbereich usable wird.

Sie nehmen mir die Worte aus dem Mund, Müller, aber letztlich ist das ja auch alles keine Rocket Science. At the end of the day brauchen wir eine easy to use, really very simple Lösung, die durch die Quality-Gates unseres Business-Process-Reengineering passt und eine Prozesskostenbewertung via Plausibilisierungen durch Schattenkalkulationen ermöglicht; dann bin ich fine damit.

Ja, dann sind wir uns ja alle einig, aber das war ja nur ein Casual Fact Finding non-Decision Meeting, um unser Standing in der Marketing Automation Landscape zu definieren. Also, Meier, schreiben Sie mal ein Summary und morphen dann ne Vorstandvorlage draus, so schön mit Tortendiagrammen und den neuesten Zahlen, aber nicht vergessen: Keep it simple and stupid! Wir wollen ja niemanden verwirren. Auf deren Visitenkarten steht ja Vorstand, und nicht Verstand!"

Und hier at the end of the book noch ein p
informations über unsere high-potentials in

Der Autor

GAX AXEL GUNDLACH
www.gaxkabarett.de